Fokus *Physik*

Band 1

Gymnasium
Baden-Württemberg

Cornelsen

Autoren:
Gerd Boysen, Dr. Harry Heise, Dr. Jochim Lichtenberger, Harald Schepers,
Prof. Dr. Hans Joachim Schlichting, Prof. Dr. Lutz-Helmut Schön

Redaktion:
Bettina Conrad-Rosenkranz, Henry Dölitzsch

Berater:
Prof. Dr. Udo Backhaus, Essen; Wolfgang Eisele, Esslingen a.N.;
Joachim Friederich, Pforzheim; Hans-Peter Götz, Tübingen; Werner Heinke, Oberhausen

Illustration: Gabriele Heinisch (Cornelsen)

Grafik: Rainer Götze

Umschlaggestaltung und Layoutkonzept: Wolfgang Lorenz

Layout: V+I+S+K, Silke Rosemeyer

Cornelsen online http://www.cornelsen.de

1. Auflage Druck 4 3 2 1 Jahr 08 07 06 05

Alle Drucke dieser Auflage sind inhaltlich unverändert
und können im Unterricht nebeneinander verwendet werden.

Druck: CS-Druck CornelsenStürtz, Berlin

ISBN 3-464-85281-4

Bestellnummer 852814

Gedruckt auf säurefreiem Papier,
umweltschonend hergestellt aus chlorfrei gebleichten Faserstoffen.

Inhalt

Optik

Ob Regenbogen oder schimmernde Seifenblase, Lupe oder riesiges Teleskop – bei der Beobachtung der Welt sind wir größtenteils auf Informationen angewiesen, die mit dem Licht über unsere Augen in das Gehirn gelangen. Manchmal lassen wir uns dabei auch täuschen. Oft genügen aber auch einfache Tricks oder technische Hilfsmittel um das Bild von der Welt klarer und deutlicher werden zu lassen. Finde heraus, wie du optische Erscheinungen mithilfe von Naturgesetzen beschreiben, erklären und anwenden kannst.

Die Ausbreitung des Lichts

Die „Strahlen“ der Sonne sehen wir meistens nicht. Um so beeindruckender ist es, wenn sie doch einmal in Erscheinung treten und, wie auf dem Bild, einen riesigen Lichtfächer bilden.
Unter welchen Bedingungen sehen wir solche Lichtfächer?

1

Auf jeden Fall brauchen wir Sonnenschein und Wolken, durch deren Lücken das Licht fällt. Sehen wir immer Lichtfächer, wenn das Licht durch Lücken fällt?
Um eine Antwort zu finden, ahmen wir die Situation in einem Experiment nach: Eine Lampe ersetzt die Sonne, der Karton mit Löchern die Wolken. ↑2
Zunächst sind nur ein paar helle Flecken an der Decke zu sehen – nichts von einem Lichtfächer. Schüttelt einen Lappen mit Kreidestaub über dem Karton aus. Erst jetzt könnt ihr einen Lichtfächer sehen. Wenn ihr genau hin schaut, seht ihr: Es sind einzelne Kreidekörner, die aufleuchten, sobald sie ins Licht gelangen. ↑3
Im Dunkeln sehen wir die Kreidekörner nicht. Auch am Himmel macht erst Staub oder Nebel in der Luft die Lichtfächer sichtbar.
Manche Dinge sehen wir auch in der Dunkelheit: die Sterne, einen Blitz, die Lichter eines entfernten Dorfes, eine Kerzenflamme …
Das sind Lichtquellen. Lichtquellen sind Gegenstände, die von selbst Licht aussenden. Wir sehen sie, wenn unsere Augen ihr Licht empfangen. Aber wie kommt es dazu, dass wir auch Dinge sehen, die keine Lichtquellen sind?

2

3

Schon gewusst?

Die Lichtgeschwindigkeit beträgt etwa 300 000 km/s.
Das Licht der Sonne erreicht uns in 8 Minuten, das Licht des hellsten Sterns, des Sirius, braucht 8 Jahre bis zu uns. Und wenn wir unsere Nachbargalaxie, den Andromedanebel betrachten, dann war das Licht, das in unsere Augen fällt, zwei Millionen Jahre unterwegs.

Experimente

4

1 Lichtfächer
Untersuche, unter welchen Bedingungen Lichtfächer am Himmel zu sehen sind. ↑1
Du hast eine Glühlampe mit elektrischer Energiequelle, ein Sieb, Alufolie, einen Nagel und einen Lappen mit Kreidestaub zur Verfügung.

2 Beleuchtete Gegenstände
Untersuche experimentell, wie sich das Licht einer Taschenlampe ausbreitet oder verändert, wenn es auf verschiedene Gegenstände (weißes Papier, rotes Papier, Glas, bunte Folie, einen Spiegel, ein Stück Butterbrotpapier …) fällt. ↑4
Notiere deine Beobachtungen.

3 Lichtbündel
Versuche, ein möglichst schmales Lichtbündel herzustellen. Überlege selbst, welche Geräte du dazu brauchst. Wie kannst du deinen „Lichtstrahl" sichtbar machen?

GRUNDLAGEN: Licht wird gestreut

Wird eine Stelle an einer weißen Wand dicht über dem Boden mit einer Taschenlampe beleuchtet, dann wird nicht nur die Stelle an der Wand heller, auch der Boden unter der beleuchteten Stelle wird heller. ↑7 ↑8
Die beleuchtete Stelle an der Wand hat die Wirkung einer Lichtquelle. Sie verteilt das von der Taschenlampe empfangene Licht in alle möglichen Richtungen. Dieser Vorgang heißt Streuung des Lichts. Die Streuung macht es möglich, dass wir beleuchtete Gegenstände sehen. ↑5
In einer sternklaren Nacht sehen wir nicht nur die Sterne. Auch die Landschaft ist schwach zu erkennen.
Jeder Stein und jeder Grashalm empfängt einen winzigen Teil des Sternlichts und verteilt es in alle Richtungen. Fällt ein Teil dieses Streulichts in unsere Augen, dann sehen wir den Stein.
Die Lichtfächer im Himmel sehen wir nur, weil die Nebeltröpfchen und Staubkörnchen einen Teil des Sonnenlichts in unsere Augen streuen. In allen Fällen, bei den Sternen wie bei dem Stein und den Nebeltröpfchen, gilt: Wir sehen nur Dinge, von denen aus Licht in unsere Augen gelangt.

7

8

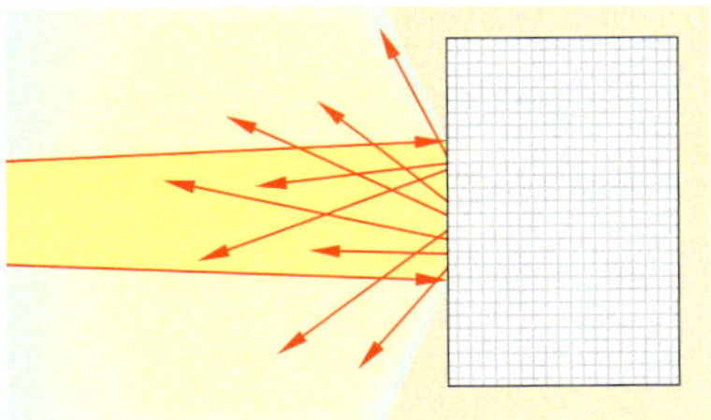
5 Ein lichtundurchlässiger Körper streut das Licht.

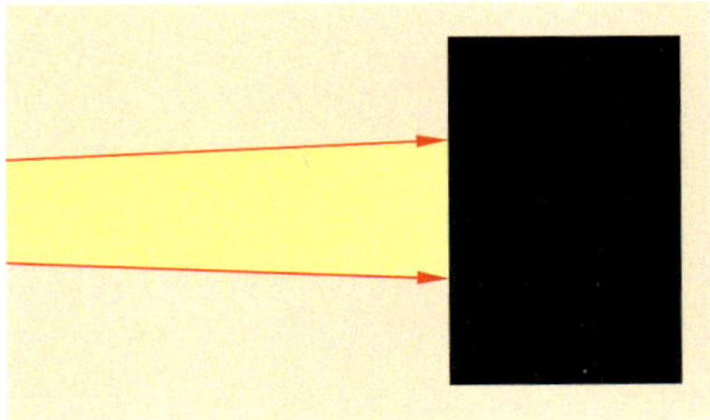
6 Schwarze Körper absorbieren Licht.

Methode

Physikalische Modelle – Die Ausbreitung des Lichts

Die Ränder von Lichtfächern sind immer gerade, egal wie die Wolken aussehen. Wie mit einem riesigen Lineal gezogen, zeichnen sie sich am Himmel ab. Verlängern wir die geraden Linien, finden wir in ihrem Schnittpunkt den Ort der Sonne, auch wenn diese gar nicht zu sehen ist. Bei dieser Konstruktion haben wir berücksichtigt, dass Licht sich immer auf geraden Wegen ausbreitet. Diese wichtige Eigenschaft von Licht nutzt man, um Lichtwege darzustellen.

1 *Beobachte.*
Nicht bei allen Lichtquellen erfüllt das Licht die ganze Umgebung wie das Licht einer Deckenlampe. Aus einem Leuchtturm zum Beispiel tritt das Licht kegelförmig aus. Diesen Lichtkegel nennt man Lichtbündel. Grenzt man ein Lichtbündel durch Blenden immer weiter ein, entstehen immer schmalere Lichtbündel. ↑1 ↑2

2 *Wähle wichtige Merkmale der beobachteten Erscheinung aus.*
Licht geht immer von einer Quelle aus und breitet sich geradlinig aus. Trifft es nicht auf einen Gegenstand, breitet es sich ins Unendliche aus.

3 *Vereinfache.*
In der Geometrie bezeichnet man Linien, die an einer Stelle einen Anfang haben und in der anderen Richtung ins „Unendliche" weiterlaufen, als Strahlen. Mit Strahlen kann man die Lichtausbreitung beschreiben.

4 *Modellbildung*
In unserer Vorstellung können wir ein Lichtbündel immer schmaler machen, bis sein Durchmesser verschwindend klein ist. Etwas, was wir uns in Gedanken vorstellen, um die Wirklichkeit besser beschreiben zu können, heißt eine *Modellvorstellung* oder ein *Modell.*
Physikalische Modelle sind immer ein vereinfachtes Abbild des Originals. Modelle werden für einen bestimmten Zweck entwickelt. Sie besitzen wesentliche Eigenschaften der realen Erscheinung.
Modelle haben immer Grenzen: Für die Mathematiker ist ein Strahl verschwindend dünn. Wäre ein Lichtbündel verschwindend dünn, dann wäre auch kein Licht mehr da.

5 *Wende das Modell zum Beschreiben, Veranschaulichen, Verdeutlichen oder Erklären an.*
Das Modell des Lichtstrahls ist z. B. dazu geeignet, die Ausbreitung von Laserlicht zu beschreiben. Der Lichtstrahl ist nur ein Hilfsmittel für das Zeichnen von Lichtwegen. Auch zur Beschreibung des Lichtkegels sind Strahlen nützlich: Die Randstrahlen geben die Begrenzungen des Lichtkegels an und der Richtungsstrahl beschreibt die Hauptrichtung des Lichts im Kegel. ↑3 ↑4 ↑5

1

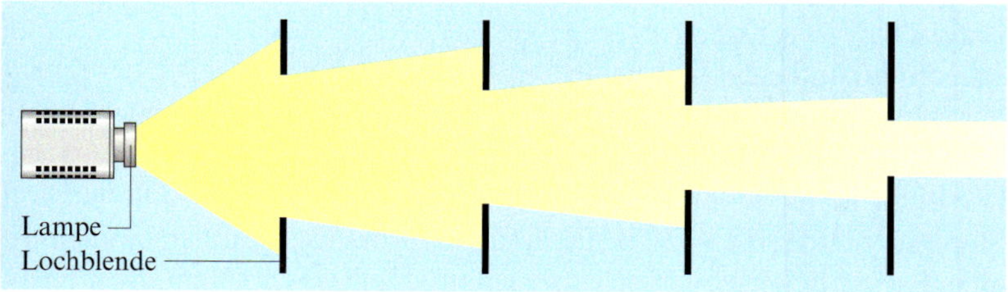

2

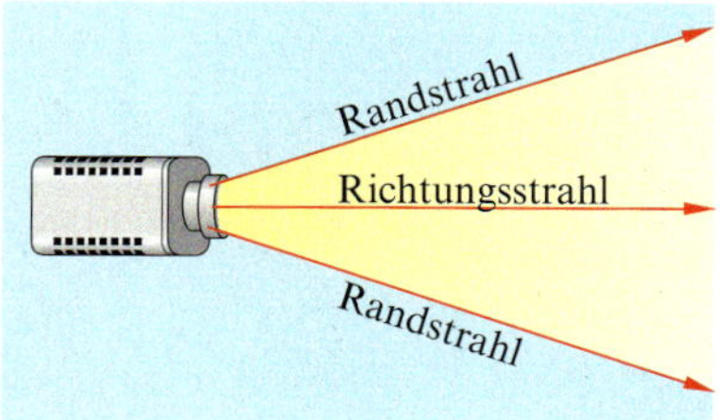

3

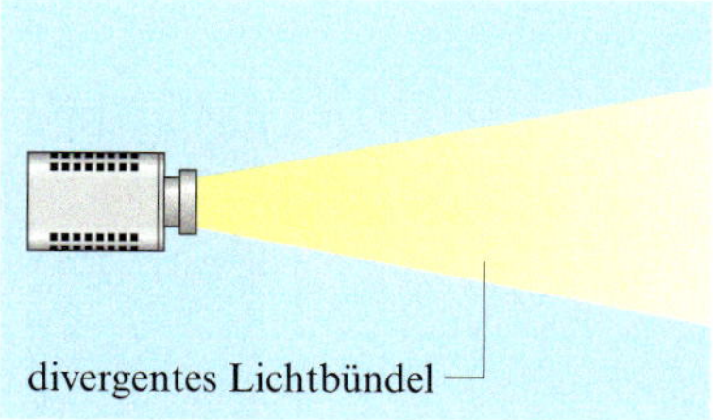

4 Die Randstrahlen laufen auseinander (divergierendes Lichtbündel).

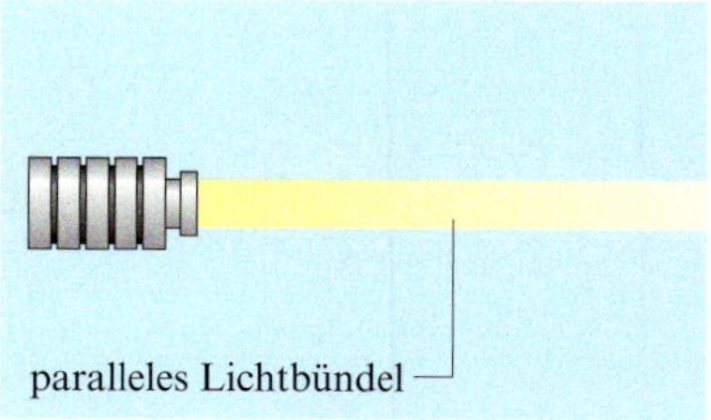

5 Die Randstrahlen verlaufen zueinander parallel (paralleles Lichtbündel).

Probier's mal!

1 Lichtstreuung
Verdunkle dein Zimmer so weit wie möglich (Nacht, Vorhänge zu, alle Lichter aus).
Leuchte mit einer Taschenlampe auf eine weiße Wand, ein schwarzes Buch, einen Schrank … Achte auf die Helligkeit im Raum außerhalb des hellen Lichtflecks. Bei welchen beleuchteten Flächen wird es im Zimmer am hellsten?

2 Lichtkegel der Taschenlampe
Gehe bei Regen oder Nebel nachts mit einer Taschenlampe nach draußen. Richte deine Taschenlampe in den Himmel, auf nahe und ferne Gegenstände … Was beobachtest du?

3 Licht in der Badewanne
Richte deine Taschenlampe im dunklen Badezimmer auf das Wasser in der Badewanne. Schütte nun Badesalz (oder etwas Milch) in das Wasser. Was stellst du fest?

Aufgaben

1 Warum ist es auch hell, wenn die Sonne hinter einer dichten Wolke steht?
2 Wie kannst du feststellen, wie sich das Licht, das aus einer Taschenlampe kommt, im Raum verteilt?
3 Kai behauptet: „Nebel verschlechtert die Sicht.“ Ulla entgegnet ihm: „ … und manches macht er erst sichtbar.“ Was meint sie damit?
4 Warum werden in Lasershows oft Nebelmaschinen eingesetzt?
5 Warum erscheinen entfernte Berge oft heller? ↑6
6 Wie kommt der helle Rand dieser Wolke zustande? ↑7
7 Von den Spotlampen gehen Lichtbündel mit unterschiedlich großen Winkeln aus. Welche Vorteile und welche Nachteile haben die verschiedenen Lichtbündel? ↑8

6

7

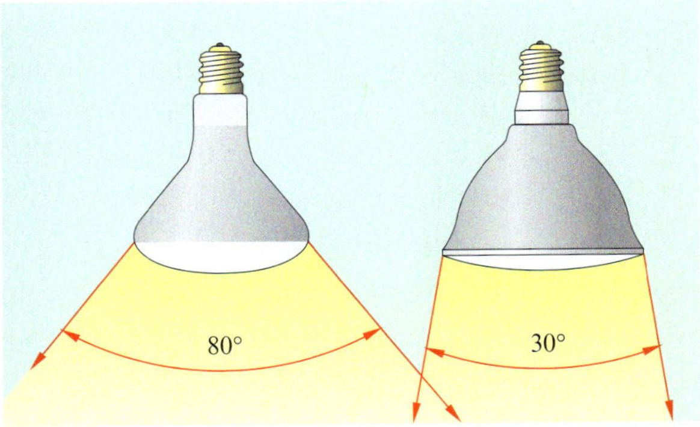

8

Aus der Technik So wird ein Tunnel „lichtgerade“

In den Bergen müssen Kilometer lange Tunnel für Bahnstrecken und Straßen gebaut werden. Auch für die U-Bahnen in Großstädten sind lange Tunnel erforderlich. Oft verwendet man riesige Bohrmaschinen, mit denen die Tunnelröhre in einem einzigen Arbeitsgang in das Gestein gebohrt wird. Dabei muss die Richtung des Tunnels genau eingehalten werden. Die Bohrmaschine soll ja an der beabsichtigten Stelle wieder aus dem Berg herauskommen. Um die Richtung der Bohrung zu kontrollieren, setzt man sehr schmale und helle Lichtbündel ein. Sie werden von besonderen Lichtquellen (Laser) erzeugt. ↑9

9

Schatten

Künstler sehen den Schatten, als wäre er ein richtiger Gegenstand oder ein Lebewesen, das ein eigenes Leben unabhängig von uns führt.
Lucky Luke ist ja schließlich bekannt dafür, dass er schneller zieht als sein Schatten. ↑1 ↑2

1

2

In einer Erzählung von Adelbert von Chamisso verkauft der unglückliche Peter Schlemihl für einen immer gefüllten Geldbeutel seinen Schatten an den Teufel und wird seines Lebens nicht mehr froh. ↑3
Auch in unserer Sprache kommt diese besondere Sichtweise zum Ausdruck: „Einen Schatten werfen.“, „Die Ereignisse werfen ihre Schatten voraus.“, „Wir ruhen uns im Schatten aus.“ oder „Er steht im Schatten seines Vorgängers.“ sind nur einige Beispiele.
Bilder wie diese können uns heute nur noch zum Lachen bringen. Aber warum ist so etwas eigentlich unmöglich? ↑4 ↑5
Wir untersuchen, wie Schatten entstehen.

3

4

5

Experimente

Für die Experimente 1 bis 3 brauchst du 2 Lichtquellen (Kerzen oder Taschenlampen ohne Reflektor), 2 Gegenstände (Klebestifte oder andere längliche Gegenstände) und mehrere Blätter weißes Papier.

1 Schatten und Schattenraum

Stelle Lichtquelle und Gegenstand auf weißes Papier.

a Verkleinere und vergrößere den Abstand. Beschreibe jeweils deine Beobachtung.

b Halte ein zweites Blatt Papier (den „Schirm") senkrecht in den Schattenraum und bewege es vor und zurück. Was kannst du beobachten?

c Welcher Zusammenhang besteht zwischen dem Schattenbild auf dem „Boden" und dem Schattenbild auf dem Schirm?

d Wie verändert sich das Schattenbild auf dem Schirm, wenn du diesen schräg hältst? ↑6
Formuliere zunächst eine Vermutung. Überprüfe diese Vermutung im Experiment.

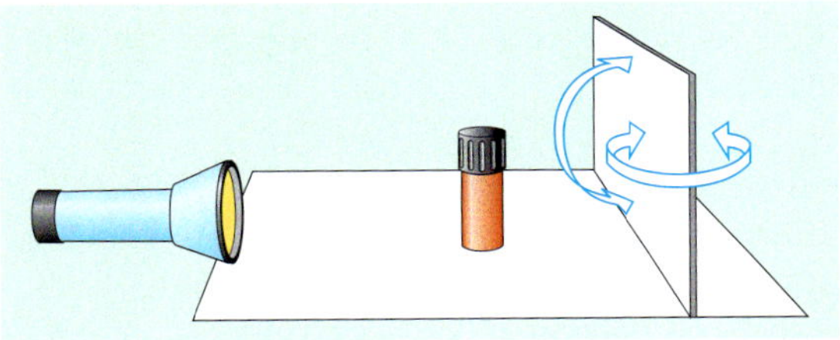

6

2 Schatten von zwei Lichtquellen

Stelle die beiden Lichtquellen nebeneinander vor den Gegenstand. ↑7

a Beschreibe und zeichne die Schatten. Achte auch auf die unterschiedliche Helligkeit der Schatten.

b Beobachte die Schattenbilder auch auf einem senkrecht in den Schattenraum gehaltenen Schirm in verschiedenen Abständen.
Beschreibe deine Beobachtungen.

c Verschiebe die Kerzen so, dass der dunkle Schatten länger wird.
Gibt es verschiedene Möglichkeiten?

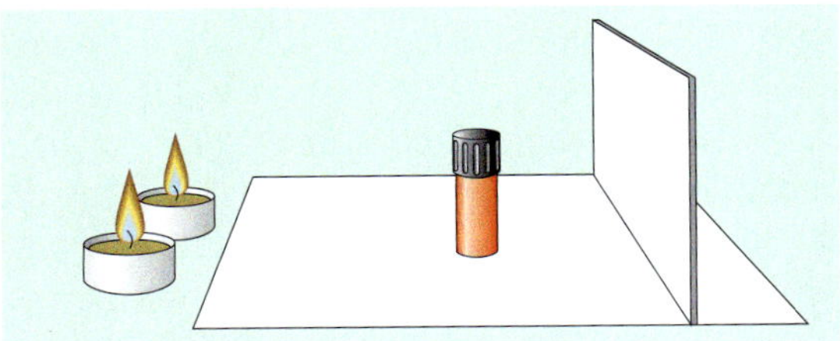

7

3 Größe des Kernschattens

Versuche diese Aufgabe zunächst durch Nachdenken und Zeichnen zu lösen. Überprüfe deine Ergebnisse dann im Experiment.
Stelle die Lichtquellen so auf, dass der Kernschatten sich mit wachsendem Abstand des Schirms

a verkleinert

b vergrößert

c nicht verändert. ↑8

Welchen Abstand müssen die Lichtquellen jeweils haben?

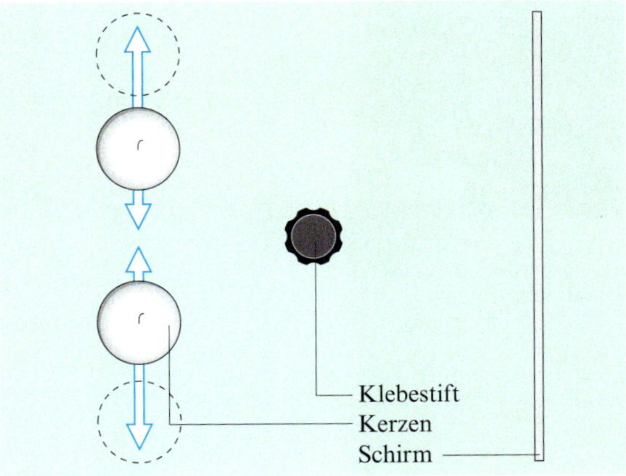

8

4 Unscharfe Schatten

Eine Leuchtstofflampe ist im Abstand von ca. 4 m waagerecht vor einer weißen Wand aufgebaut. Zwischen Lampe und Wand steht jemand.
Zuerst ist die Lampe bis auf eine kleine Öffnung verhängt. Dann wird die Lampe mehr und mehr aufgedeckt. ↑9
Was beobachtest du?

9

GRUNDLAGEN: Kern- und Halbschatten

Welche Lampe muss man ausschalten, damit der rote Schatten verschwindet? Und welche, wenn der grüne Schatten verschwinden soll? ↑1 Beim Ausprobieren erlebt man eine Überraschung: Der rote Schatten verschwindet nicht, wenn man die rote Lampe ausschaltet. Er verschwindet beim Ausschalten der grünen Lampe. Im roten Bereich des Schattens fehlt das Licht der grünen Lampe, im grünen Bereich fehlt das Licht der roten Lampe. Diese Teile des Schattens heißen *Halbschatten*. Im *Kernschatten* fehlt das Licht beider Lampen. ↑2

1

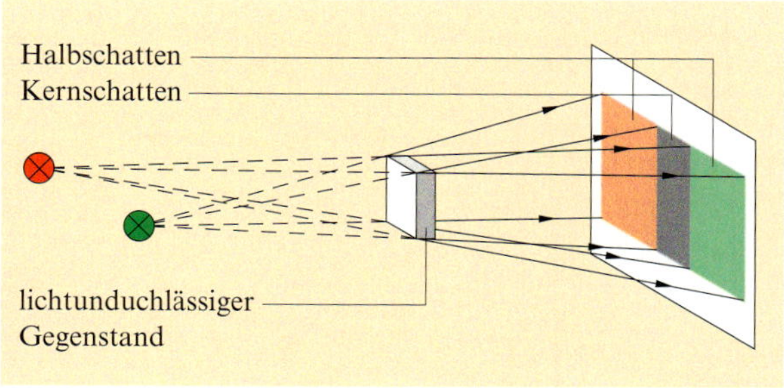

2

Wird ein lichtundurchlässiger Körper von zwei Lichtquellen beleuchtet, entsteht hinter dem Körper ein Schatten. Der Bereich, in den nur das Licht einer Lichtquelle fällt, heißt Halbschattten. Der Bereich, in den kein Licht gelangt, heißt Kernschatten.

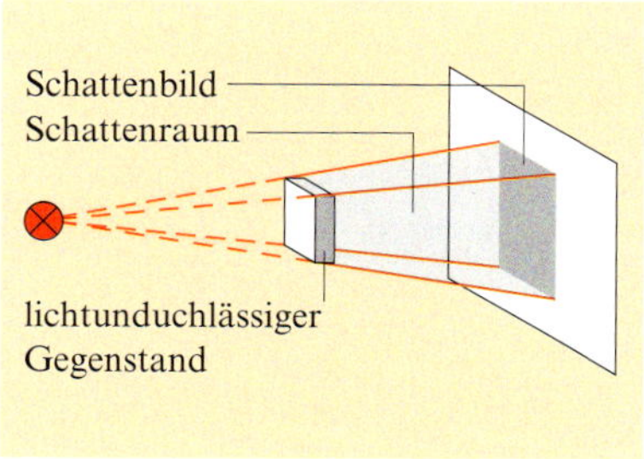

3

Untersucht man den Bereich hinter dem lichtundurchlässigen Körper mit der Hand oder einem Stück Papier, wird man sehen, dass der Schatten ein Stück des Raums ausfüllt – den *Schattenraum*. Da das Licht sich geradlinig ausbreitet, gelangt es nicht in den Schattenraum. In ihm fehlt das Licht. Hält man seinen Kopf in den Schattenraum,versperrt der lichtundurchlässige Gegenstand den Blick zur Lichtquelle. An der Wand zeichnet das Schattenbild die Umrisse des Gegenstandes nach. Spricht man im Allgemeinen von Schatten, kann der Schattenraum oder das Schattenbild gemeint sein. ↑3

4

Unscharfe Schatten Manche Schatten haben einen scharfen Umriss, man erkennt viele Einzelheiten. Andere sind verschwommen wie ein verwackeltes Foto. Die Schärfe des Schattens hängt von der Lichtquelle ab. Eine kleine Halogenlampe erzeugt einen sehr scharfen Schatten, eine matte Glühlampe erzeugt einen unscharfen Schatten. ↑4

Blickt man vom Schirm in Richtung der ausgedehnten Lichtquelle, sieht man von Punkt A aus die ganze Lampe. Diese Stelle ist hell, weil das Licht der ganzen Lampe sie erreicht. Von Punkt B aus wird ein kleiner Teil der Lampe verdeckt. Dort kommt weniger Licht hin. Von Punkt C aus wird ein großer Teil der Lampe verdeckt. Dort ist es fast so dunkel wie im Kernschatten. Zwischen den Punkten A und C liegt der Bereich des unscharfen Randes. Wenn die Lichtquelle kleiner ist, ist dieser Bereich schmaler, der Schatten erscheint scharf begrenzt. ↑5

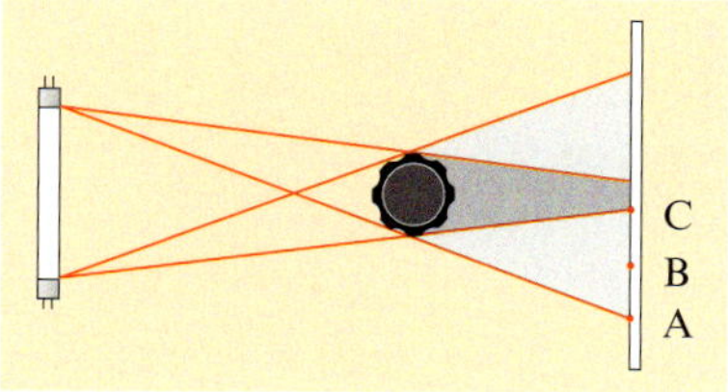

5

Unscharfe Schatten entstehen durch ausgedehnte Lichtquellen.

Probier's mal!

1 Schattengröße
Betrachte den Schatten deiner Hand im Licht einer Schreibtischlampe.
Welche Möglichkeiten gibt es, den Schatten größer oder kleiner werden zu lassen?

2 Lichtquelle und Schatten
Vergleiche die Schatten deiner Hand im Licht verschiedener Lichtquellen (Sonne, Kerze, Halogenlampe, klare und matte Glühlampe …).

3 Blende und Schatten
Betrachte den Schatten deiner Hand im Licht einer matten Glühlampe. Halte ein Stück Pappe mit einem Loch (Blende) vor die Lampe. Wie verändert sich das Aussehen des Schattens?

4 Entfernung und Schatten
Untersuche, wie die Schärfe des Schattens vom Abstand Gegenstand – Lichtquelle abhängt.

Aufgaben

1 Du stehst zwischen Glühlampe und Wand.
a In welche Richtung musst du dich bewegen, damit dein Schatten größer wird?
b In welche Richtung muss die Glühlampe gezogen werden, damit dein Schatten kleiner wird?

2 Warum wird der Schatten einer Person kürzer, wenn sie sich einer Straßenlaterne nähert?
Erkläre mit einer Skizze.

3 Wenn du bei Vollmond unter einer Straßenlaterne entlang gehst, hast du zwei Schatten. Der eine zeigt immer in die gleiche Richtung, der andere dreht sich. Erkläre.

4 Was ist bei den folgenden Redewendungen jeweils mit dem Wort Schatten gemeint – der Schattenraum, das Schattenbild oder etwas ganz anderes?
a Er sitzt im Schatten eines Baumes.
b Abends werden die Schatten länger.
c Das Ereignis wirft seine Schatten voraus.
d Er steht im Schatten seiner Vorgänger.
e Ein Schatten huscht über die Wand.

5 Klassenräume und Werkstätten werden oft mit Leuchtstoffröhren beleuchtet.
Welche Vorteile hat das?

6 Im Wohnbereich bevorzugt man oft eine indirekte Beleuchtung.
Dabei wird das Licht einer Lichtquelle an die Zimmerdecke oder an die Wände gelenkt.
Worin liegt der Vorteil dieser Beleuchtungsart?

7 Stell dir vor, der Kopf eines Menschen wird auf verschiedene Weise dargestellt.
- als Gemälde
- als Fotografie
- als Fernsehbild
- als Schattenbild
- als Diaprojektion auf einer Leinwand.

a Welche Gemeinsamkeiten führen dazu, dass man diese fünf Darstellungen als Bilder bezeichnet?
b Nenne Unterschiede zwischen den fünf Bildern (z. B. in der Art ihrer Entstehung, ob man sie aus- und einschalten kann …)

8 Steht die Sonne hinter eine Wolke, gibt es fast keine Schatten, obwohl es doch taghell ist.
Erkläre.

9 Warum ist dieser Schatten blau? ↑6

6

Aus der Natur Der Mond im Apfelsinenbaum

1

2

In alten Mythen wurde die veränderliche Gestalt des Mondes oft so gedeutet: Die „Möndin", in vielen Sprachen ist der Mond weiblich, ist die Geliebte des Sonnengottes. In Vollmondnächten sehnt sie sich so sehr nach ihrem Geliebten, dass sie immer schmaler wird und ihm immer näher kommt und schließlich, bei Neumond, in seiner Liebesglut versinkt. Vor Glück wird sie dann rund und prall, bis die Sehnsucht sie wieder verzehrt.

Der Mond scheint vorallem in der Dunkelheit. Doch vieles deutet darauf hin, dass seine unterschiedlichen Gestalten etwas mit der Sonne zu tun haben:

– die zunehmende Mondsichel ist nur am Abendhimmel, kurz nach Sonnenuntergang, zu sehen.
– die abnehmende Sichel kurz vor Sonnenaufgang in der Morgendämmerung.
– der Vollmond geht auf, wenn die Sonne untergeht.

Der griechische Philosoph THALES VON MILET (etwa 500 v. Chr.) bemerkte vielleicht als erster, dass der Mond der Sonne immer seine helle Seite zuwendet – wie die Apfelsinen im Bild. ↑2

So kam er wohl auf die Idee, dass der Mond eine Kugel ist, die ihr Licht von der Sonne bekommt.

abnehmender Mond

zunehmender Mond

Aufgaben

1 Mondbeobachtung
Skizziere den Mond regelmäßig mehrere Wochen lang. Erfasse deine Beobachtungen in einer Tabelle. Wie lange dauert es, bis der Mond wieder die gleiche Form hat?

Datum	Skizze	Mondphase
19.08. 2005		Vollmond
26.08. 2005		letztes Viertel (abnehmender Halbmond)

2 Position von Sonne und Mond
Oft sind Sonne und Mond gleichzeitig zu sehen. Halte einen Arm in Richtung des Mondes und den anderen in Richtung der Sonne. Schätze den Winkel zwischen beiden Armen. Skizziere auch die Form des Mondes. Führe diese Beobachtung bei unterschiedlichen Mondphasen durch. ↑3
Notiere deine Beobachtungsergebnisse.

3

GRUNDLAGEN: Die wechselnde Gestalt des Mondes

Der Mond ist eine Kugel. Sein Durchmesser beträgt etwa ein Viertel des Erddurchmessers. Der Mond erzeugt kein Licht, sondern erhält sein Licht von der Sonne. Wie bei der Erde ist auch beim Mond immer eine Halbkugel hell, die andere dunkel. In etwa einem Monat umkreist der Mond einmal die Erde.
Von der Erde aus sieht der Mond jeden Tag anders aus. Man bezeichnet die wechselnden Gestalten auch als *Mondphasen*.

Der Mond ist stets von der Sonne zur einen Hälfte beleuchtet. Je nachdem, wie Mond, Erde und Sonne gerade zueinander stehen, sehen wir unterschiedlich viel von dieser beleuchteten Hälfte.

In der Abbildung sind die von der Erde aus sichtbaren Teile der hellen Mondseite eingezeichnet. ↑5
Position ①: Wir blicken auf gleich große beleuchtete und unbeleuchtete Teile des Mondes (abnehmender Halbmond).
Position ②: Wir blicken auf einen kleinen Teil des beleuchteten Mondes. Der größere Teil des Mondes ist dunkel.
Position ③: Von der Erde aus gesehen steht der Mond etwa in Richtung der Sonne. Wir blicken auf den unbeleuchteten, dunklen Teil des Mondes (Neumond).

Die übrigen Positionen lassen sich genau so erklären.
In Position ⑦ blicken wir auf die beleuchtete Halbkugel. Es ist Vollmond.

Schon gewuss

4

Der Mond erscheint uns nur als schmale Sichel, aber auch der Rest der Mondoberfläche ist bei guten Sichtbedingungen zu sehen. Das so genannte aschgraue Mondlicht ist Sonnenlicht, dass von der Erde in Richtung Mond reflektiert wird und nach erneuter Reflektion wieder den Beobachter auf der Erde erreicht.
Ein Astronaut auf dem Mond würde zu diesem Zeitpunkt nahezu eine „Vollerde“ sehen.

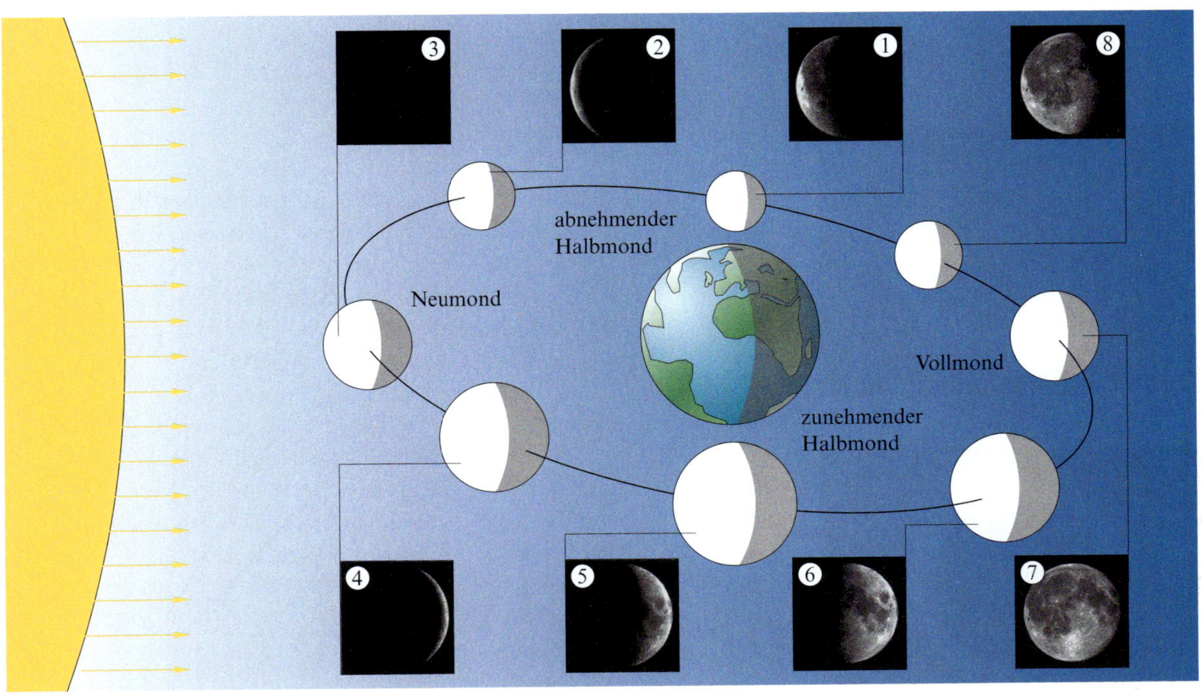

5 Modell der Mondphasen. Die Zeichnung zeigt, wie ein Raumfahrer aus großer Entfernung Erde und Mond sehen würde. Die Fotos zeigen, wie wir den Mond von der Erde aus sehen.

GRUNDLAGEN: Finsternisse

Sowohl die Erde als auch der Mond werden von der Sonne beschienen. Hinter der Erde und hinter dem Mond entstehen Schattenräume, die Hunderttausende von Kilometern weit in den Weltraum hineinragen. Da die Sonne eine ausgedehnte Lichtquelle ist, entstehen Kernschatten- und Halbschattenräume. ↑1 ↑2

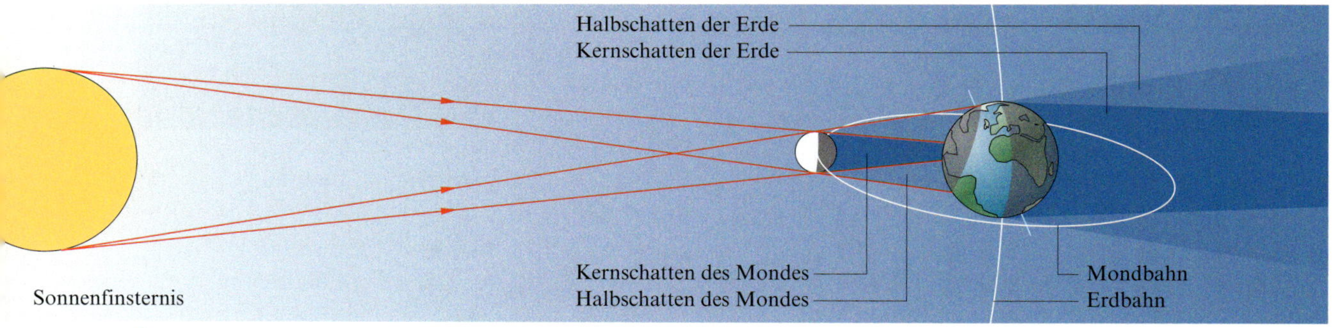

1

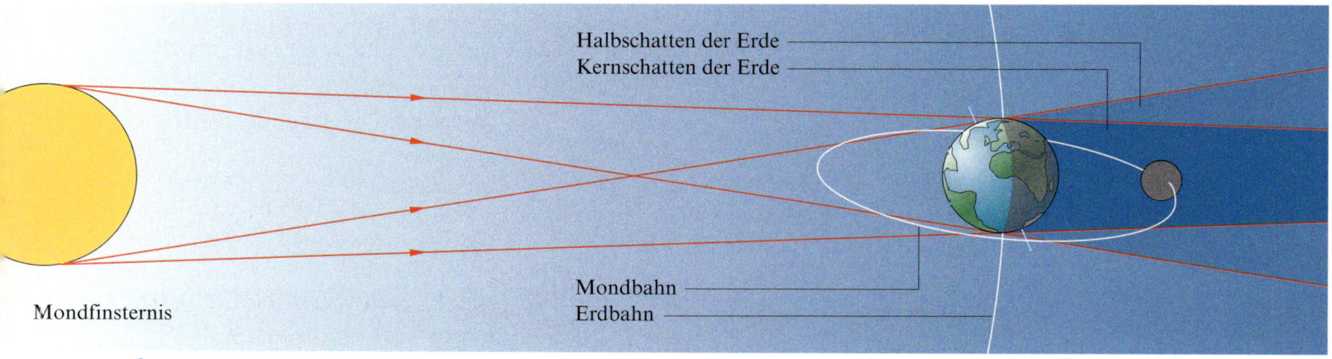

2

Eine Mondfinsternis können wir uns so erklären: Der Mond umkreist einmal pro Monat die Erde. Meist verläuft seine Bahn oberhalb oder unterhalb des Schattenraums der Erde. Gelegentlich streift der Mond aber auch den Kernschatten der Erde *(partielle Mondfinsternis)* oder durchquert ihn sogar *(totale Mondfinsternis)*. ↑3
Sonne, Erde und Mond liegen dann auf einer Geraden. Im Mittel gibt es zweimal pro Jahr eine Mondfinsternis. Sie ist überall dort zu sehen, wo sich der Mond gerade über dem Horizont befindet.

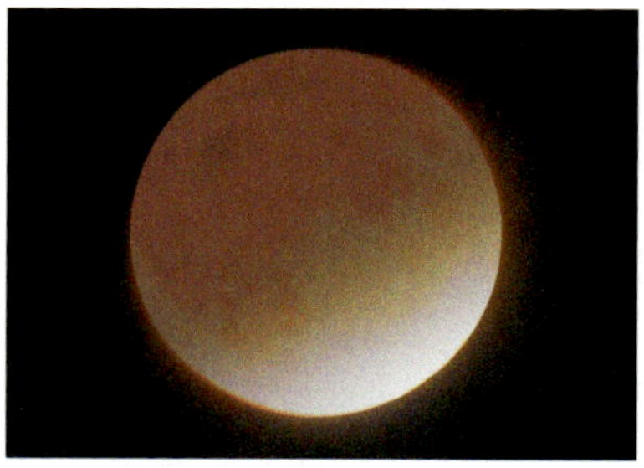

3 Mondfinsternis

Auch bei der Sonnenfinsternis liegen Sonne, Mond und Erde auf einer Geraden. Der Mond befindet sich aber zwischen Sonne und Erde. Hält sich ein Beobachter auf der Erde im Halbschatten des Mondes auf, so verdeckt der Mond für ihn nur einen Teil der Sonne. Ein Beobachter im Kernschatten des Mondes sieht die Sonne ganz verdeckt. ↑4
Geht der Kernschatten des Mondes über den Beobachter hinweg, spricht man von einer *totalen Sonnenfinsternis*, sonst von einer *partiellen Sonnenfinsernis*.
Eine totale Sonnenfinsternis ist an einem bestimmten Standort nur sehr selten zu beobachten, weil der Kernschatten auf der Erdoberfläche ein Gebiet von höchstens 200 km Durchmesser bedeckt. ↑7

4 Totale Sonnenfinsternis

Experimente

5

6

1 Mondphasen
Ein Tennisball oder eine große weiße Styroporkugel wird in der Mitte der Klasse an einem Faden aufgehängt. Sie soll den Mond darstellen. Beleuchtet sie mit einem Lichtbündel, das genau so groß ist wie der Durchmesser der Kugel. ↑5

a Zeichnet die Kugel so, wie ihr sie von eurem Platz aus seht.

b Heftet die Bilder anschließend an die Tafel. Versucht herauszufinden, von welchen Positionen aus die einzelnen Bilder gezeichnet wurden.

c Skizziert an der Tafel Sonne, Erde und die Bahn des Mondes um die Erde.
Die von Euch gezeichneten Monde sollen nun so an die Tafel geklebt werden, wie sie von der Erde aus zu sehen sind.

2 Sonnenfinsternis
Du benötigst einen Tennisball und eine große mattierte kugelförmige Glühlampe.

a Stelle dich in 2 m Entfernung von der Glühlampe auf. Halte den Ball so vor das Auge, dass er die Lampe gerade vollständig bedeckt. Bewege den Kopf hin und her.
Beschreibe deine Beobachtungen.

b In welchem Teil des Schattens befand sich dein Auge, als du die Lampe hinter dem Ball nicht mehr gesehen hast? Wo befand es sich, als die Lampe teilweise verdeckt war?

3 Finsternisse im Modell
Wie stehen Sonne, Mond und Erde bei einer Mond- oder Sonnenfinsternis? Die Experimentierleuchte stellt die Sonne dar, der Globus die Erde und der Ball den Mond. ↑6
Stelle mit diesen „Himmelskörpern" eine Mondfinsternis und eine Sonnenfinsternis nach.

Aufgaben

1 Marc sagt: „Der Sichelmond kommt dadurch zustande, dass der Schatten der Erde den Mond teilweise bedeckt." Mit welchen Argumenten kannst du zeigen, dass Marc nicht Recht hat?

2 Sowohl bei Neumond als auch bei einer totalen Mondfinsternis ist der Mond dunkel. Erläutere den Unterschied. Beachte dabei den Stand von Sonne, Mond und Erde.

3 Finsternisse sind immer nur bei bestimmten Mondphasen zu beobachten.

a Warum ist eine Mondfinsternis immer nur bei Vollmond zu sehen?

b Welchen Zusammenhang gibt es zwischen Sonnenfinsternis und Mondphase?

4 Was sieht ein Astronaut vom Mond aus beim Blick zur Erde, während wir von der Erde aus eine Sonnenfinsternis sehen? ↑7

5 Eine Mondfinsternis sieht man von der halben Erde aus, eine Sonnenfinsternis nur von einem schmalen Streifen. Erkläre.
Nutze die Bilder 1 und 2.

7 Mondschatten über Europa während der Sonnenfinsternis am 11. August 1999

Die Lochkamera

Solche Lichtflecken (Sonnentaler) zeichnet das Sonnenlicht oft auf den schattigen Waldboden. ↑1

Bewegt der Wind die Äste des Baums, dann schwingen diese Sonnentaler hin und her. Hier und da blinkt ein neuer Sonnentaler auf oder verlöscht; aber immer behalten sie ihre Form. Kreisrund sind die Sonnentaler, wenn das Sonnenlicht senkrecht auf den Boden trifft. Neigt sich die Sonne dem Horizont zu, so ziehen sie sich zu Ellipsen auseinander. Unter hohen Buchen erreichen sie die Größe eines Kopfes, unter Buschwerk sind sie klein wie Münzen.

1

Wie kommen diese Sonnentaler zustande? Ganz sicher sind es nicht die Lücken zwischen den Blättern, die sich hier abzeichnen, denn diese Lücken nehmen alle möglichen Formen an. Beim kleinsten Windhauch verändern sie ihre Form.

Runde Lücken gibt es im Blätterdach des Waldes nicht. Trotzdem sind die Sonnentaler immer rund oder oval. Rund ist nur die Sonne selbst. Zeichnet die Sonne ihre eigene Form auf den Waldboden?

2 Sonnentaler während einer Sonnenfinsternis

3 Auch Künstler ließen sich durch Sonnentaler inspirieren.

Experimente

1 Lichtflecke – Bilder – Lichtwege
Schneide in ein Stück Pappe ein Loch (Durchmesser ca. 2 cm). Ein Blatt weißes Papier dient als Schirm. Zünde in einem abgedunkelten Zimmer eine Kerze an. ↑4

a Wie entsteht der Lichtfleck auf dem Schirm? Fertige eine Zeichnung an.
b Verwende nun eine Lochblende mit einem etwa 2 mm großen Loch.
Beschreibe, was du auf dem Schirm siehst.
c Verfolge den Lichtweg von der Kerzenspitze bis zum Schirm. Halte dazu vor und hinter der Lochblende einen Finger an verschiedene Stellen in den Lichtweg. Verfolge auf gleiche Art den Lichtweg vom unteren Teil der Kerzenflamme zum Schirm.

4

2 Bild einer „1"
Auf einem Brett sind mehrere Lampen mit verschiedenen Farben zu einer „1" angeordnet. ↑5

a Drehe zunächst nur eine Lampe in ihre Fassung. Beobachte den Lichtfleck auf dem Schirm. Beschreibe, wie der Lichtfleck entsteht.
b Nacheinander sollen die weiteren Lampen in ihre Fassung gedreht werden. Versuche vorherzusagen, wo der Lichtfleck der jeweiligen Lampe auf dem Schirm abgebildet wird.
Überprüfe deine Vorhersage im Experiment.
c Verändere den Abstand Schirm – Lochblende. Beschreibe die Veränderungen des Bildes auf dem Schirm.
d Erkläre die Veränderung des Bildes mit einer Zeichnung.

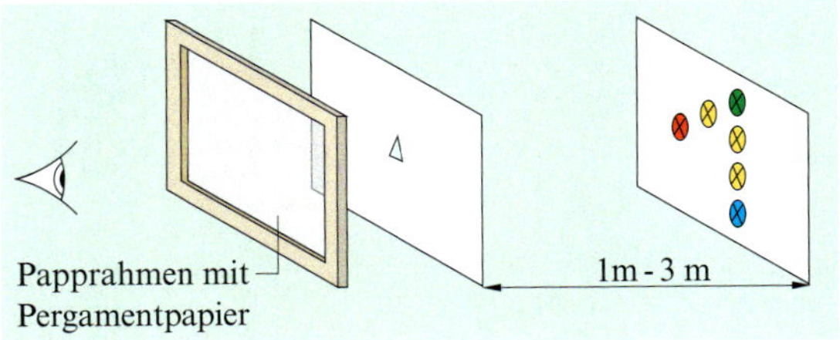

5

3 Bild einer Person
Erzeuge mit der Experimentieranordnung das Bild einer Mitschülerin oder eines Mitschülers mit hellem T-Shirt. Beleuchte die Person mit einem Projektor oder einer Fotolampe. ↑5

a Beschreibe das Aussehen des Bildes.
b Überprüfe, ob du Details im Bild erkennst.
c In welche Richtung bewegt sich das Bild, wenn sich die Person seitlich hin und her bewegt?
d Erzeuge das Bild nun mit einer Blende, die eine kleinere Öffnung besitzt. Wie ändert sich das Aussehen des Bildes?
e Welcher Zusammenhang besteht zwischen der Helligkeit des Bildes und der Größe des Lochdurchmessers?
f Wie ändert sich die Bildschärfe, wenn die Blendenöffnung verkleinert wird?
g Ändert sich das Bild, wenn die Öffnung eckig ist?

4 Lochkamera – selbst gebaut
Baue mithilfe der Abbildung eine Lochkamera: Der bewegliche Pappstreifen vor dem dreieckigen Blendenloch dient zur Untersuchung des Einflusses der Lochgröße auf das Bild. ↑6
Als Beobachtungsobjekt verwendest du helle Gegenstände: eine Lampe, ein Fenster, den Monitor eines Computers oder ein Fernsehgerät.

a Was siehst du auf dem Schirm deiner Lochkamera?
b Vergleiche die Bilder bei kleiner und großer Lichtöffnung.
c Beobachte auf dem Schirm das Bild einer sonnenbeschienenen Landschaft.

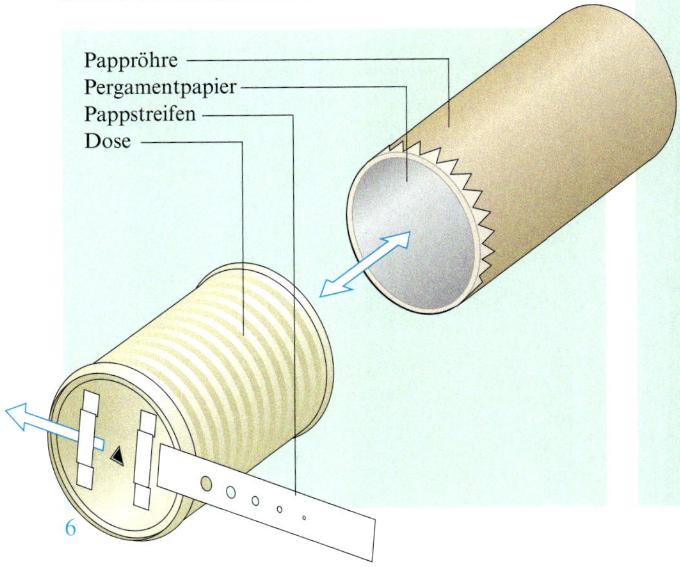

6

Schon gewusst?

Auch mit einem Küchensieb und einer Glühlampe kannst du „Sonnentaler" erzeugen.
Halte dazu ein Küchensieb vor eine klare Glühlampe.
Das Licht soll durch die Löcher im Sieb auf eine glatte helle Fläche fallen. ↑1
Betrachte die Flecken genau und beschreibe ihre Form.

1

GRUNDLAGEN: Löcher zeichnen Bilder

Vor 2000 Jahren beobachtete der griechische Philosoph ARISTOTELES, dass Sonnentaler bei einer Sonnenfinsternis – wenn die Sonne die Form einer Sichel hat – auch sichelförmig sind.
Auch noch 1 500 Jahre später blieben die Sonnentaler für die Naturforscher rätselhaft. Bis ein Mönch namens ROGER BACON (1214 – 1292) das Problem experimentell untersuchte. An Stelle der Sonne nahm er eine Kerze in einem dunklen Raum. Das Blätterdach ersetzte er durch ein Stück Pappe mit einem kleinen Loch und an Stelle des Waldbodens verwendete er einen weißen Schirm.
In unseren Experimenten haben wir neben der Kerze auch eine farbige „1" verwendet. ↑3
Mit ihr lässt sich gut beobachten, an welcher Stelle das rote Licht auf den Schirm auftrifft, an welcher Stelle das blaue und wo das grüne?
Die Abbildung lässt sich leicht erklären. Man braucht sich nur vorzustellen, dass jede ausgedehnte Lichtquelle und jeder beleuchtete Gegenstand, der das Licht streut, aus unzähligen winzigen leuchtenden Punkten besteht. Die farbigen Glühlampen stellen jeweils einen solchen Punkt – einen Gegenstandspunkt dar. ↑2
Vom Gegenstandspunkt breitet sich das Licht in alle Richtungen geradlinig aus. Ein Teil des Lichts fällt durch die Lochblende auf den Schirm. Es entsteht ein Lichtbündel. Auf dem Schirm erzeugt das Lichtbündel einen Lichtfleck, der die Form der Blendenöffnung hat.

Zu jedem Punkt einer ausgedehnten Lichtquelle entsteht ein Bildfleck. Die Lichtflecke überlappen sich und ergeben zusammen das Bild. Das Bild steht auf dem Kopf und ist seitenverkehrt.

Das Bild ist unscharf, weil keine Bildpunkte, sondern Bildflecken entstehen. ↑4
Auch helle Gegenstände, die das Licht streuen, erzeugen Bilder. ↑5

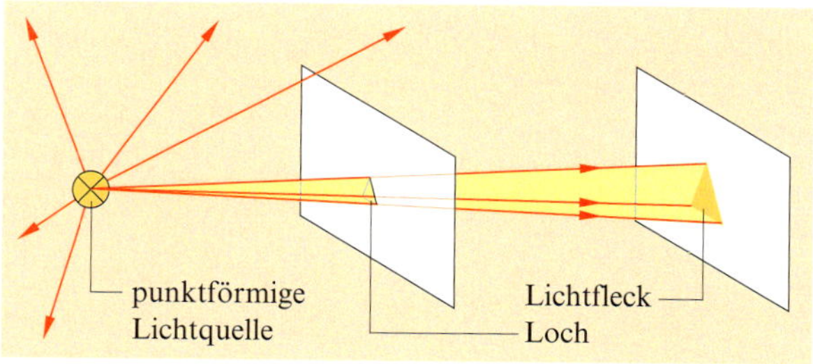

2

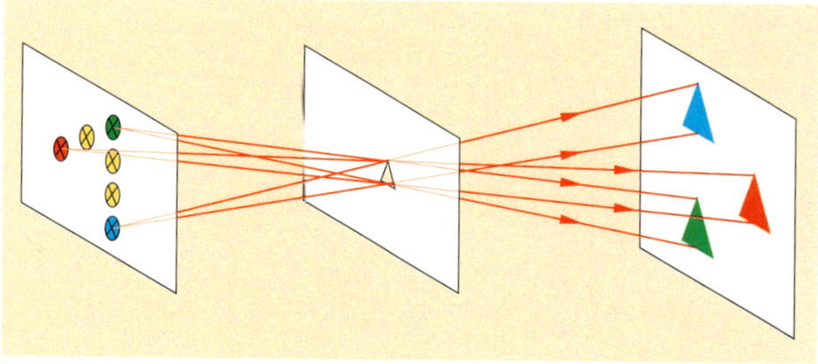

3

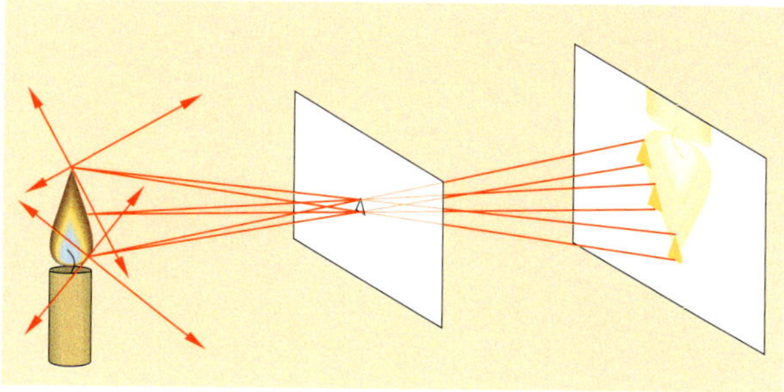

4

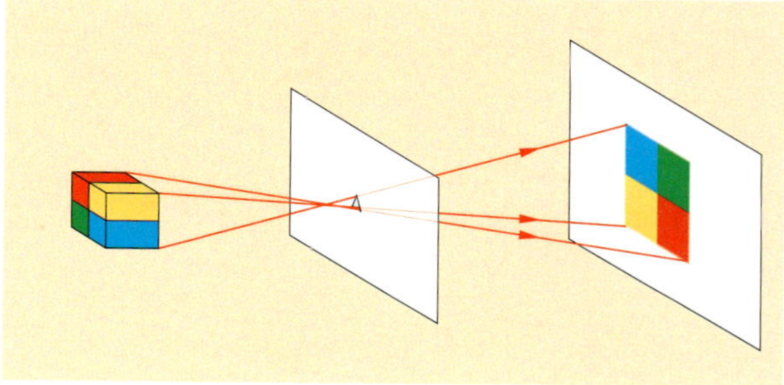

5

Aus der Geschichte Die camera obscura

GIOVANNI BATTISTE DELLA PORTA (1538–1615) galt als einer der größten Magier und Alchemisten seiner Zeit. Man sagt, dass er auf dem Marktplatz von Neapel ein großes Zimmer aus Holz bauen ließ. Im Innern war es dunkel, denn dieses Zimmer hatte keine Fenster, sondern nur ein Lichtloch von der Größe einer Münze. Er lud seine Gäste zu einer magischen Show in diese camera obscura (camera obscura bedeutet „dunkles Zimmer") ein, während draußen im Sonnenlicht eine Gruppe von Schauspielern ein Stück aufführte. Wie unheimliche Zauberei erschienen den Zuschauern auf einer weißen Wand die kopfüber hängenden Menschen.
Im 17. Jahrhundert benutzten viele Maler eine Lochkamera, um das Bild einer Landschaft zu skizzieren. Durch ein kleines Loch in der Wand fiel das Licht. Auf der gegenüber liegenden Wand entstand ein umgedrehtes Bild der Landschaft. ↑6
Recht bald gab es auch eine handlichere transportable Ausführung dieser Lochkamera. ↑7
Im 19. Jahrhundert wurde die Lochkamera durch Glaslinsen verbessert. Damals entstanden an vielen landschaftlich schönen Orten begehbare Lochkameras als Touristenattraktion. Durch einen Spiegel wurde das Licht auf einen runden Tisch umgelenkt. Nun konnte man die Landschaft, die vorbeiziehenden Schiffe und Wolken aufrecht sehen. Eine Reihe solcher Camera-Obscura-Häuschen gibt es auch heute noch.

6

7

Aufgaben

1 Sonnentaler

a Erkläre anhand einer Skizze, wie Sonnentaler zustande kommen.

b In einem hohen Buchenwald sind die Sonnentaler groß wie ein Kopf, unter niedrigen Büschen nur so groß wie ein Geldstück. Erkläre.

c Manche Sonnentaler sind scharfrandig und dunkel, andere hell und verschwommen. Warum?

d Unter welchen Bedingungen sind Sonnentaler fast rund, unter welchen Bedingungen oval?

2 Lochkamera

a Erkläre an einer Skizze, wie eine Lochkamera funktioniert.

b Wie verändert sich das Bild, wenn man das Loch vergrößert?

c Wie verändert sich das Bild, wenn man den Abstand zwischen Loch und Bildschirm vergrößert?

d Wie verändert sich das Bild, wenn der abgebildete Gegenstand weiter von der Kamera (der Lochblende) entfernt wird?

Linsen erzeugen Bilder

Fotoapparate und Diaprojektoren bilden Personen und Gegenstände ab. Sie erzeugen Bilder. Die Bilder, die im Fotoapparat entstehen, sind sehr klein (ca. 36 mm x 24 mm). Die Bilder, die der Diaprojektor erzeugt, füllen eine ganze Leinwand.

1

Die ersten Fotoapparate sahen noch aus wie Lochkameras mit einer Linse. Statt des Transparentschirms enthielten sie eine Glasplatte mit einer lichtempfindlichen Schicht, die sich überall dort schwärzte, wo Licht hin fiel. ↑4

Auch die modernsten Digitalkameras, selbst die in Handys, kommen nicht ohne Linse aus. Overheadprojektoren und Beamer, die große Bilder auf einer Leinwand erzeugen, brauchen ebenfalls Linsen. ↑5

All diese optischen Geräte funktionieren nach dem gleichen Prinzip. Wie kann man sich die Wirkung von Linsen bei der Entstehung von Bildern erklären?

2

3

4 Erste Kamera von Kodak

5 Moderne Digitalkamera

Experimente

1 Vergleich Linse – Lochblende
Du benötigst eine grüne und eine rote Glühlampe, eine Sammellinse, eine Lochblende, deren Loch die Größe der Linse hat, und einen Schirm.

a Baue die Anordnung nach der Abbildung auf. Verschiebe den Schirm, bis möglichst kleine Lichtflecken entstehen. ↑6

b Denke dir einen Strahl von der Lampenmitte zur Mitte des kleinsten zugehörigen Lichtflecks. Durch welchen Punkt der Linse geht dieser Strahl? Überprüfe die Antwort mit einer Schnur.

c Ersetze die Linse durch die Lochblende. Achte darauf, dass die Lochblende an der gleichen Stelle steht wie die Linsenebene. Beschreibe deine Beobachtung und vergleiche mit dem Linsenbild.

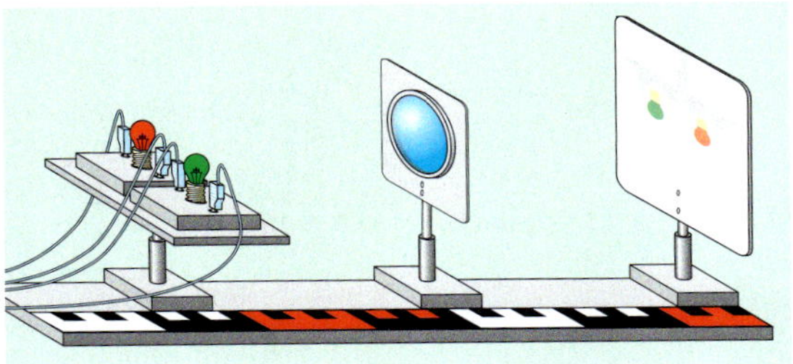

6

2 Sammellinse und Lichtfleck
Erzeuge mit einer Sammellinse das Bild einer kleinen Glühlampe. Der Glühdraht stellt annähernd eine punktförmige Lichtquelle dar. ↑7

a Stelle den Schirm dicht hinter die Linse und schiebe ihn langsam weg. Wie verändert sich der Lichtfleck?

b Beschreibe das Aussehen des Lichtflecks, wenn er scharf auf dem Schirm abgebildet wird.

c Übertrage die Abbildung vergrößert ins Heft. Zeichne den Lichtstrahl, der von der Lampenmitte durch die Linsenmitte verläuft. Setze dann die beiden Randstrahlen fort.

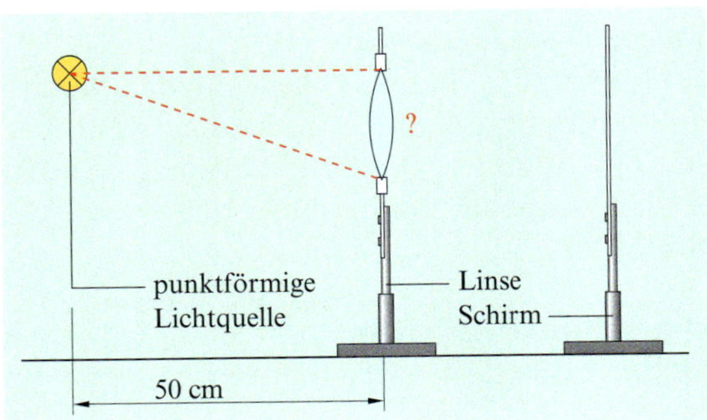

7

3 Ort des Bildes an der Sammellinse
Untersuche, wo bei einer Sammellinse Bilder entstehen.

a Eine Kerze wird 1 m vor der Linse aufgestellt. Suche mit einem Schirm die Stelle, an der hinter der Sammellinse das scharfe Bild der Kerzenflamme entsteht.

b Miss den Abstand zwischen dem Bild und der Linse. Dieser Abstand heißt Bildweite *b*.

c Vergrößere die Gegenstandsweite *g*, also den Abstand der Kerze von der Linse. Wie ändert sich die Bildweite?

d Entferne die Kerze allmählich immer weiter von der Linse. Wie groß ist die kleinste Bildweite, die bei deiner Linse möglich ist?

4 Bildgröße bei Sammellinsen
Untersucht an Sammellinsen, unter welchen Bedingungen ein Gegenstand vergrößert, verkleinert oder in Originalgröße abgebildet wird.
Dazu benötigt ihr Sammellinsen mit unterschiedlichen Brennweiten. Baut die Experimentieranordnung, wie im Bild dargestellt, auf. ↑8
Für jede der Linsen führt ihr die Versuchsschritte a–c durch.
Tragt die Messwerte in eine Tabelle ein.

a Verkleinert den Abstand Gegenstand – Linse (Gegenstandsweite *g*) schrittweise, bis das Bild so groß ist wie das Original. Messt die Gegenstandsweite und die Entfernung Linse – Schirm. (Bildweite *b*).

b Die Gegenstandsweite wird weiter verkleinert, bis das Bild auf dem Schirm möglichst groß ist. Bestimme die Werte für *b* und *g*.

c Ab welcher Gegenstandsweite *g* gibt es kein Bild mehr? Vergleicht diesen Wert mit der Brennweite *f*.

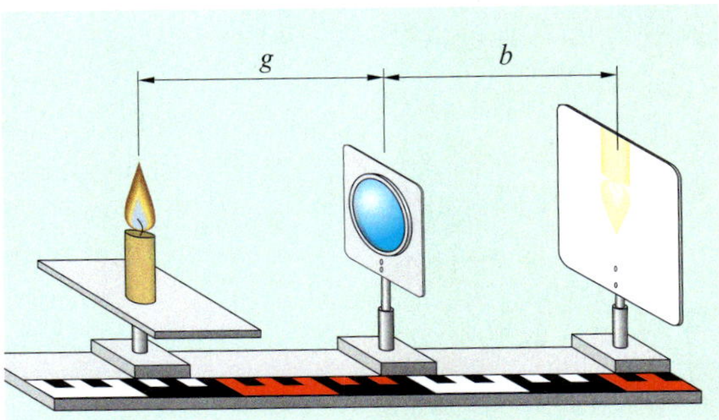

8

GRUNDLAGEN: Brenngläser sind Sammellinsen

Mit einem Brennglas kannst du Papier „ankokeln". In einem bestimmten Abstand wird jedes parallele Lichtbündel im Brennpunkt zusammengeführt. Der Brennpunkt liegt in der Brennebene. ↑1
Die Brennweite *f* – der Abstand Linse – Brennebene – ist ein wichtiges Merkmal von Sammellinsen. Sie gibt an, wie stark das Licht gebündelt wird. ↑2
Je stärker die Linse gekrümmt ist, um so kürzer ist ihre Brennweite. ↑3

1

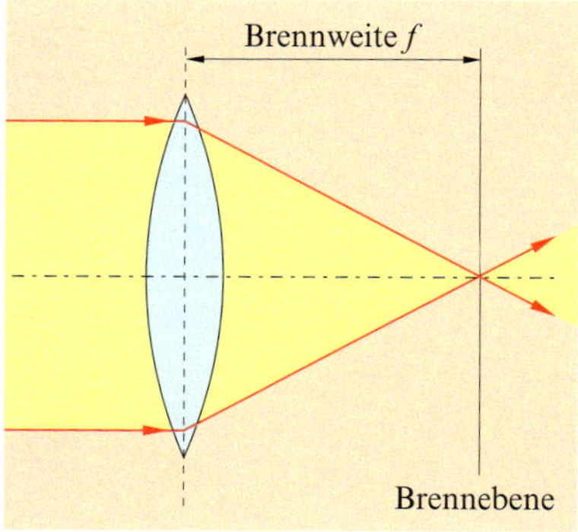

2

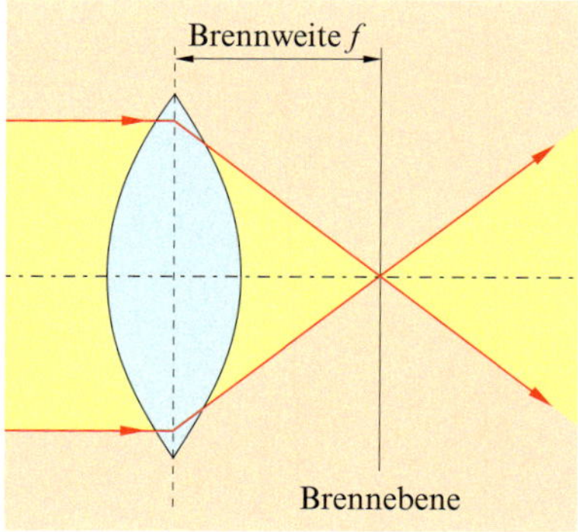

3

GRUNDLAGEN: Punkt für Punkt – Die Bilder der Sammellinse

Eine Lochkamera bildet jeden Lichtpunkt als kleinen Bildfleck ab. ↑4
Durch die Überlappung dieser Bildflecken wird das Bild unscharf.
Mit einer Sammellinse kann man in einem geeigneten Abstand Bilder auf einem Schirm oder einer weißen Wand erzeugen – viel heller und schärfer als die Bilder der Lochkamera. Hält man die Sammellinse in das Licht einer kleinen Glühlampe, so erzeugt sie einen dunklen Kreis auf dem Schirm, fast wie einen Schatten. In der Mitte des Schattens ist ein heller Kreis, der bei einer bestimmten Entfernung des Schirms blendend hell und winzig klein wird. ↑5

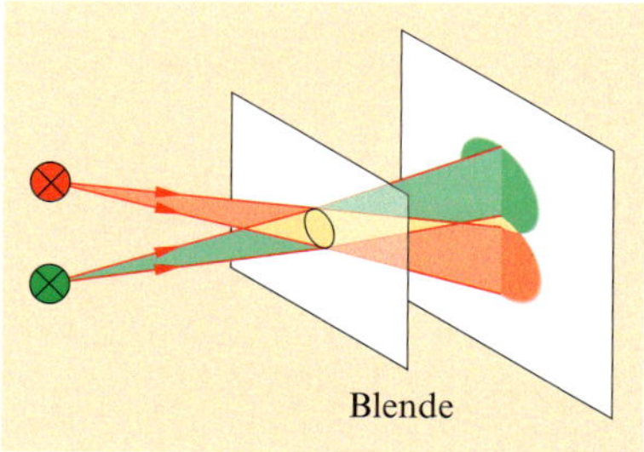

4

5

Eine Sammellinse bildet punktförmige Lichtpunkte in geeignetem Abstand als Bildpunkte ab.

Gegenstände können wir uns aus unzähligen Punkten zusammengesetzt vorstellen. Von jedem dieser Gegenstandspunkte geht Licht aus. Auch wenn zwei Lichtpunkte dicht nebeneinander liegen, überlappen sich ihre Bildpunkte nicht. Auf dem Schirm kann man die Lichtpunkte als nebeneinander liegende Punkte erkennen. ↑6
Die Richtung, in der der jeweilige Bildpunkt liegt, ergibt sich mithilfe des Richtungsstrahls. Dieser Strahl verläuft geradlinig vom Gegenstandspunkt durch die Linsenmitte zum Bildpunkt. Weil sich die Richtungsstrahlen in der Linsenmitte überkreuzen, entsteht ein umgekehrtes und seitenverkehrtes Bild.

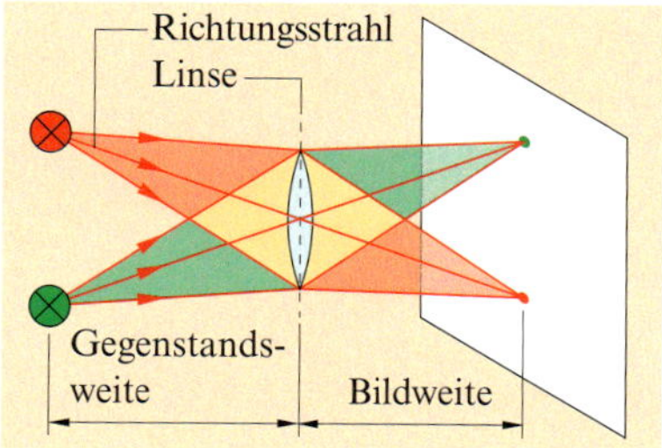

6

Mit der Sammellinse entstehen scharfe Bilder, da zu jedem Gegenstandspunkt ein Bildpunkt erzeugt wird. Sehr weit entfernte Gegenstände werden in der Brennebene abgebildet.

GRUNDLAGEN: Große Bilder – kleine Bilder

Schon mit einer einzigen Linse kann man große und kleine Bilder erzeugen. Steht die Kerze weit weg, dann laufen die Randstrahlen des einfallenden Lichtkegels nur wenig auseinander. Der Bildpunkt entsteht nah an der Linse. Das Bild ist klein. ↑7
Rückt die Kerze näher an die Linse heran, dann läuft der einfallende Lichtkegel stärker auseinander. Der Bildpunkt rückt weiter weg. Das Bild wird größer. ↑8
Wenn man die Kerze noch näher an die Linse rückt, läuft auch der austretende Lichtkegel auseinander. Es entsteht kein Bild mehr.

Je größer die Gegenstandsweite, umso kleiner sind die Bildweite und die Bildgröße.

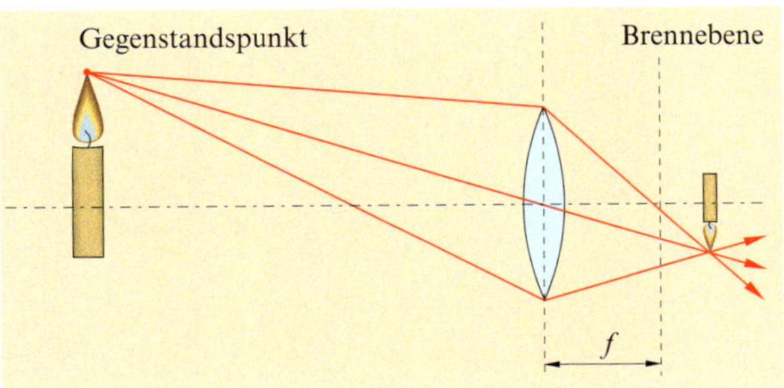

7 Das Bild ist kleiner als Gegenstand.

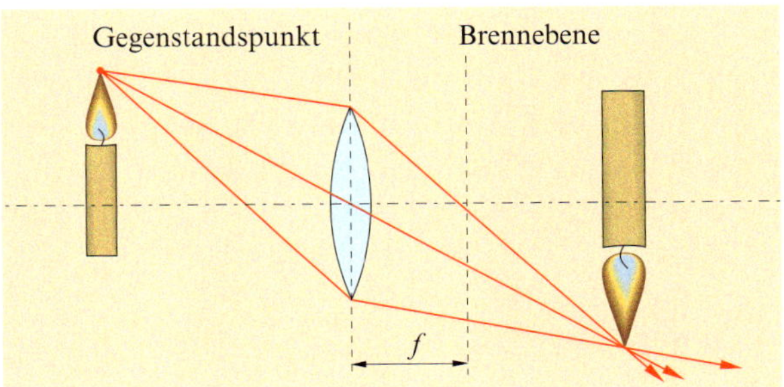

8 Das Bild ist größer als der Gegenstand.

Bei der Lochkamera gilt: Je weiter der Schirm von dem Loch entfernt ist, umso größer ist das Bild. Um ein großes Bild zu erzeugen, muss man nur den Schirm von der Lochblende entfernen.
Bei der Abbildung mit Linsen kann man den Schirm nicht einfach verschieben. Das Bild ist nur in einem bestimmten Abstand, der Bildweite, hinter der Linse scharf.
Auch hier kann man große Bilder erzeugen, ohne die Gegenstandsweite zu verändern. Man muss eine Sammellinse mit größerer Brennweite verwenden. Solche Linsen bündeln das Licht nicht so stark wie Linsen mit großer Krümmung.
Die Bildweite und die Bildgröße nehmen zu. ↑9 ↑10

Für die Linsenabbildung gilt: große Bildweite – großes Bild, kleine Bildweite – kleines Bild.

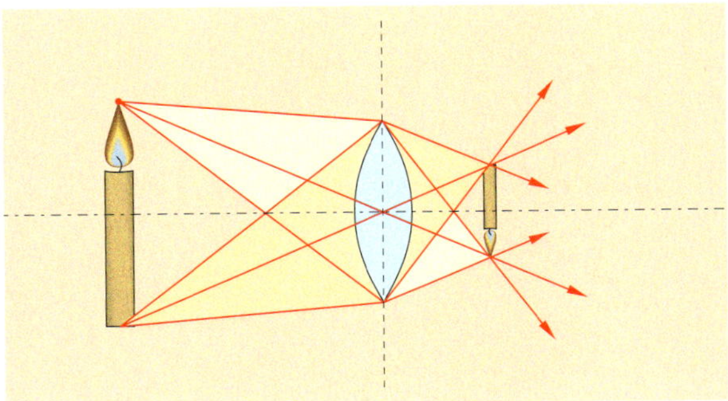
9

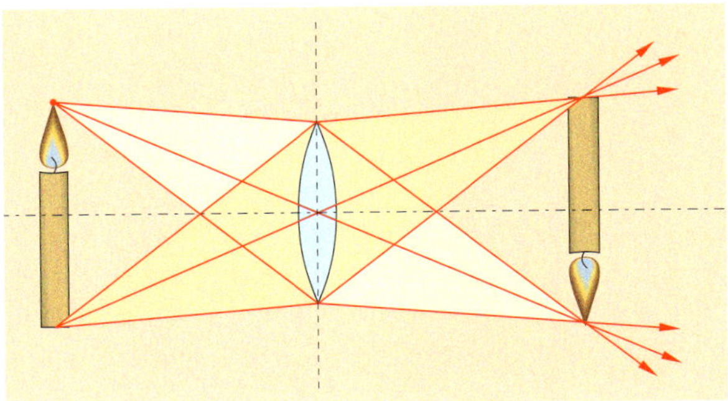
10

Probier's mal!

1 Das Brennglas
Mit einem Brennglas (einer Lupe) kannst du ein Stück Papier anzünden.
a Wie musst du das Brennglas ins Sonnenlicht halten, damit das Papier möglichst schnell zu glimmen beginnt? (Vorsicht Brandgefahr!)
b Miss bei verschiedenen Brenngläsern den Abstand, in dem das Kokeln am besten funktioniert.

2 Lochkamera
Nutze für die folgenden Experimente die Lochkamera von Seite 57.
a Untersuche, welchen Einfluss der Abstand des Schirms von der Lochblende auf das Bild hat. Nimm als Gegenstand eine Kerze oder ein helles Fenster. Beschreibe den Zusammenhang.
b Befestige eine Sammellinse vor dem Loch. Verschiebe das Transparentpapier, bis das Bild scharf wird. Welche Veränderung stellst du fest?

3 Bild vom Monitor
Als Lichtquelle verwendest du jetzt den Monitor eines Computers oder ein Fernsehgerät, als Schirm am besten ein Stück Pergamentpapier, auf das du von hinten schaust.
a Was siehst du auf dem Schirm, wenn du die große bzw. die kleine Lochblende zwischen Monitor und Schirm hälst?
b Wie verändert sich der Lichtfleck, wenn du die Lochblende näher an den Monitor oder den Schirm hälst?

4 Abbildung mit Sammellinsen
Erzeuge mit einer Sammellinse das Bild einer Kerze auf einer weißen Wand.
a Versuche
- ein möglichst kleines Bild,
- ein möglichst großes Bild,
- ein Bild, das genau so groß ist wie die Kerze,

selbst herzustellen.
b Formuliere mit Je-desto-Sätzen die Zusammenhänge zwischen: Bildweite und Bildgröße sowie Gegenstandsweite und Bildweite,

5 Kleine Bilder an Sammellinsen
Führe Experiment 4 mit verschieden stark gekrümmten Sammellinsen durch. Finde einen Zusammenhang zwischen der Bildgröße und der Linsenkrümmung.

6 Sammellinse
Erzeuge Bilder mit einer Sammellinse.
a Stelle dich mit der Linse in einigen Metern Abstand vor ein helles Fenster. Halte direkt hinter die Linse ein Stück weißes Papier als Schirm. ↑1
Entferne den Schirm langsam immer weiter von der Linse, bis du ein scharfes Bild des Fensters und der Landschaft erhältst. Beschreibe die Eigenschaften dieses Bildes.
b Erzeuge auf die gleiche Weise Bilder
- einer Kerze,
- des Fernsehbildschirms oder des Monitors eines Computers.

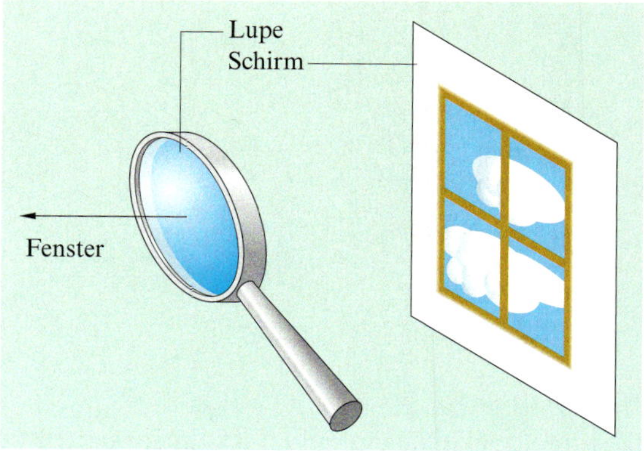

1

7 Kleine Bilder
Bilde mit verschiedenen durchsichtigen gekrümmten Gegenständen (Glasmurmel, ein kugelförmiges, mit Wasser gefülltes Weinglas und ein kugelförmiger, mit Wasser gefüllten Rundkolben ...) das Fenster des Physikraums auf der gegenüberliegenden Wand ab. ↑2
Mit welchem der Geräte kannst du das kleinste Bild erzeugen? Achte auf die unterschiedlichen Abstände Gegenstand – Bild.

2

Aufgaben

1 Wieso gelingt es bei der Lochkamera nicht, gleichzeitig scharfe und helle Bilder zu erzeugen?

2 Wieso kann man mit einer Sammellinse scharfe und helle Bilder erzeugen?

3 Warum sind in Taschenlampen häufig Sammellinsen eingebaut?

4 Brenngläser heißen auch Sammellinsen. Erläutere die beiden Wortteile „Sammel-" und „-linse".

5 Jeder Stern am Himmel stellt eine punktförmige Lichtquelle dar. ↑3
Warum bildet eine Sammellinse nicht alle Sterne in einem einzigen Punkt ab?

3

6 Beschreibe eine einfache Möglichkeit, die Brennweite einer Sammellinse zu bestimmen?

7 Ordne die folgenden Linsen nach ihrer Brennweite. Begründe deine Entscheidung. ↑4

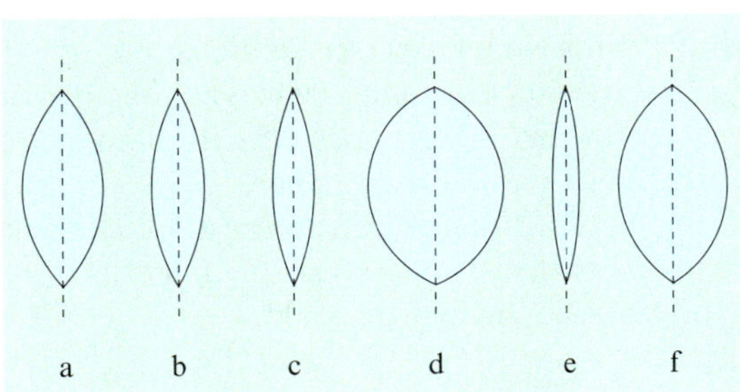

4

8 Zwei Lupen mit dem gleichen Durchmesser haben verschieden große Brennweiten. Welche von beiden eignet sich besser als Brennglas?
Begründe deine Entscheidung.

9 Der Brennfleck eines Brennglases ist ein Bild der Sonne. Erläutere.

10 Wie muss ein Lichtbündel vor der Sammellinse verlaufen, wenn es hinter der Linse im Brennpunkt zusammenlaufen soll?

11 Bei der Sammellinse entsteht ein scharfes Bild nur in einem ganz bestimmten Abstand hinter der Linse. Warum gibt es bei der Lochkamera im Gegensatz dazu keine bestimmte Brennweite und keine bestimmte Bildweite?

12 Zwei Sammellinsen ($f_1 = 10\,\text{cm}$, $f_2 = 20\,\text{cm}$) haben den gleichen Durchmesser. Worin unterscheiden sich, bei gleichem Motiv und gleicher Gegenstandsweite, die Bilder?

13 Karsten sagt: „Mit einer Sammellinse kann man Bilder in allen möglichen Abständen erzeugen."
Tim erwidert: „Nein, die Brennweite ist die kleinstmögliche Bildweite, die bei einer Sammellinse vorkommen kann."
Wer von beiden hat Recht und warum?

14 Ein Diaprojektor erzeugt Kopf stehende und seitenvertauschte Bilder.
Warum sieht man sie beim Diavortrag aufrecht und seitenrichtig?

15 Mithilfe einer Sammellinse wird ein durch das Fenster sichtbares Haus auf einem weißen Blatt Papier scharf abgebildet. Wie musst du die Linse verschieben, damit du den näher gelegenen Fensterrahmen scharf abbilden kannst? ↑5

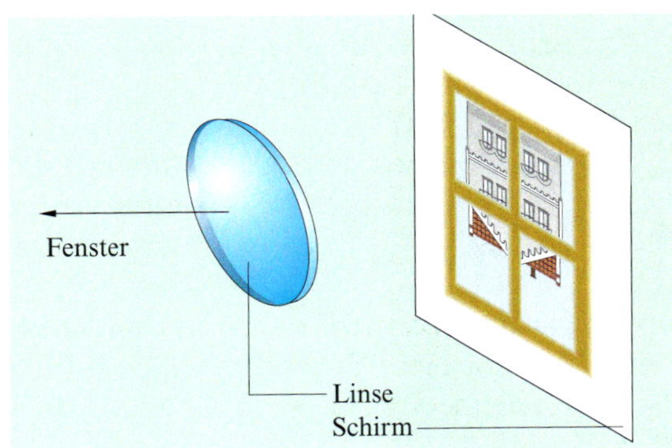

5

16 Nenne verschiedene optische Geräte, die Bilder mit Linsen erzeugen.

17 Schau dir einen Tageslichtprojektor genau an.

a Wo ist der Gegenstand und wo ist das Bild?

b Beim Tageslichtprojektor erscheint das Bild auf der Leinwand unscharf. Was kann man tun, um es scharf zu stellen?

c Das Bild auf der Leinwand soll größer werden. Wie lässt sich das erreichen?

18 Bei besseren Fotoapparaten kann man die Entfernung zwischen Film und Objektiv (Linse) verändern. Welchen Sinn hat das?

Auf einen Blick

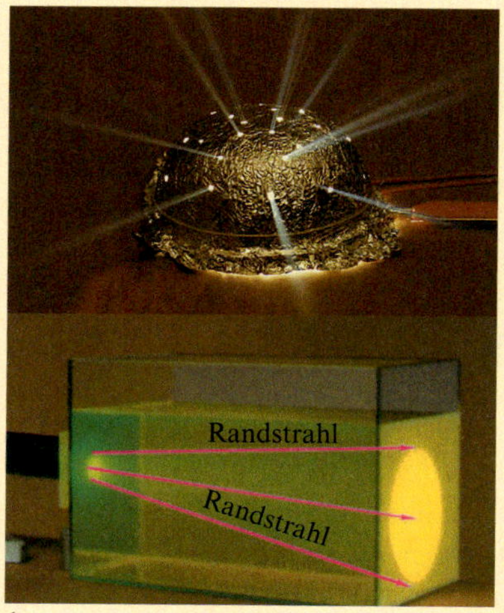

1

Lichtquellen Licht geht von Lichtquellen aus. Als Lichtquellen oder selbstleuchtende Körper bezeichnen wir alle Gegenstände, die ihr Licht selbst erzeugen.

Lichtausbreitung Licht breitet sich geradlinig und nach allen Seiten hin aus. Die Lichtgeschwindigkeit in Luft und im Vakuum beträgt ca. 300 000 km/s. In den Experimenten konnten immer nur Lichtbündel beobachtet werden. Lichtstrahlen gibt es nur in der gedanklichen Vorstellung. Sie dienen zur Beschreibung und zeichnerischen Darstellung von Lichtbündeln. ↑1

2

Lichtstreuung Fällt Licht auf Gegenstände, so wird ein mehr oder weniger großer Anteil des Lichts absorbiert. Das übrige Licht wird an lichtundurchlässigen Körpern in alle möglichen Richtungen gestreut. Die Umgebung wird zu einem großen Teil von Streulicht beleuchtet. Das Licht wird dabei an den Gegenständen mehrfach gestreut. Von beleuchteten Gegenständen geht Licht aus. ↑2

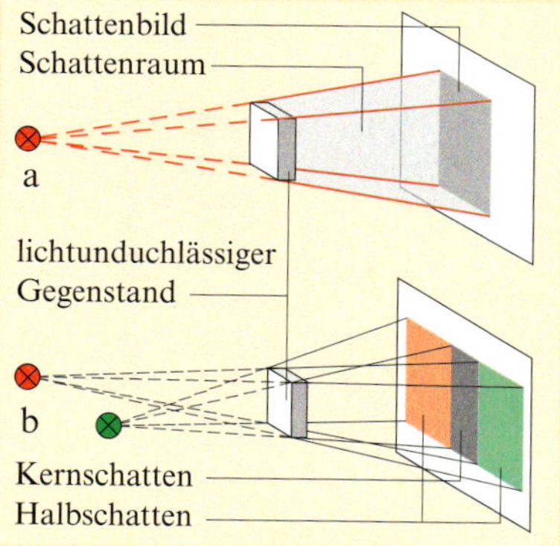

3

Schattenraum – Schattenbild – Halbschatten Schatten entstehen dadurch, dass Körper das Licht an seiner Ausbreitung hindern. Wir unterscheiden Schattenraum und Schattenbild. Das Schattenbild entsteht, wenn man einen Schirm hinter den Körper in den Schattenraum hält. Die Schattenbilder können unterschiedlich groß sein – je nach den Abständen zwischen Lichtquelle, Körper und Schirm. Punktförmige Lampen erzeugen scharf begrenzte Schatten. ↑3a
Wird ein Körper von zwei punktförmigen Lichtquellen beleuchtet, können sich die Schatten überlagern.
Es entstehen Kern- und Halbschatten. ↑3b

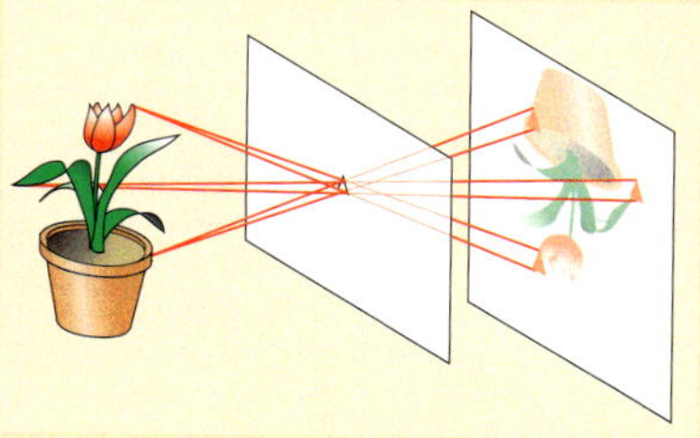
4

Lochblenden erzeugen Bilder Fällt Licht von punktförmigen Lichtquellen durch eine Blendenöffnung, entstehen Lichtbündel. Auf einem Schirm erzeugen die Lichtbündel Blendenflecke, die die Form der Blendenöffnung haben.
Jeder Punkt einer Lichtquelle oder eines beleuchteten Gegenstandes sendet Licht aus. Die Lichtbündel, die vom Gegenstand durch eine Lochblende fallen, erzeugen ein Bild des Gegenstandes. Man kann sich das Bild aus unzählig vielen Lichtflecken zusammengesetzt denken. ↑4

Bildentstehung bei Sammellinsen Helle Bilder einer Lochkamera sind unscharf, weil das Bild aus Lichtflecken zusammengesetzt ist. Linsen bündeln das Licht so, dass von jedem Gegenstandspunkt ein Bildpunkt entsteht. Das Bild wird scharf. ↑5

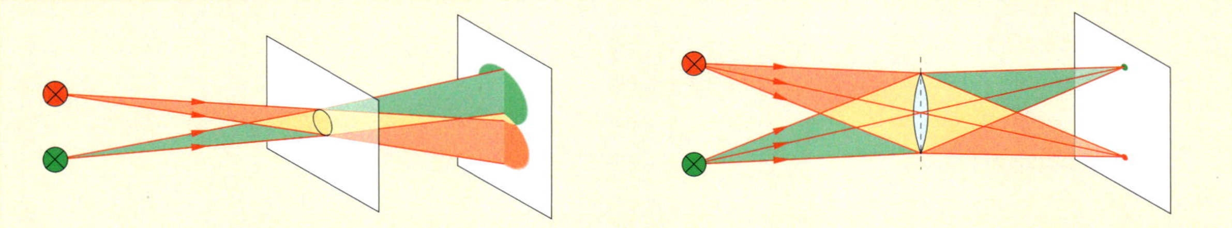
5

Alles klar?

1 Kann man „Sonnenstrahlen“ sehen? Begründe deine Antwort.

2 Erkläre anhand einer Skizze, was man unter dem Schattenraum und dem Schattenbild versteht.

3 Im Bild siehst du Astronauten im Sonnenlicht. Auch die Lufthülle der Erde ist beleuchtet. DerWeltraum dagegen ist tiefschwarz. Erkläre. ↑6

4 Wenn man den Sternenhimmel betrachtet, kann man Sterne sehen, die es vielleicht schon gar nicht mehr gibt …? Erkläre.

5 Warum wird es nicht „Nacht“, wenn sich eine Wolke vor die Sonne schiebt?

6 Man sagt z. B.: „ein Schatten fällt auf den Boden.“ oder „er huschte über eine Wand.“ Zwischen diesen Redewendungen und Loriots Bildergeschichte gibt es eine Gemeinsamkeit. Beschreibe sie und erläutere den Widerspruch zur physikalischen Sichtweise. ↑7

7 Sowohl bei Neumond als auch bei einer totalen Mondfinsternis ist der Mond für uns dunkel. Worin besteht der Unterschied? Berücksichtige bei deiner Antwort jeweils den Stand von Sonne, Mond und Erde.

8 Die Sonne scheint auf die eckigen Löcher einer Jalousie. Erkläre, wieso auf dem Schirm lauter runde Lichtflecken entstehen. ↑8

9 Wie kannst du feststellen, ob eine Linse eine Sammellinse ist? Wie kannst du auf einfache Art ihre Brennweite abschätzen?

10 In welchem Abstand von der Sammellinse muss sich ein Gegenstand befinden, damit ein vergrößertes Bild entsteht?

6

7

8

Auge und Sehen

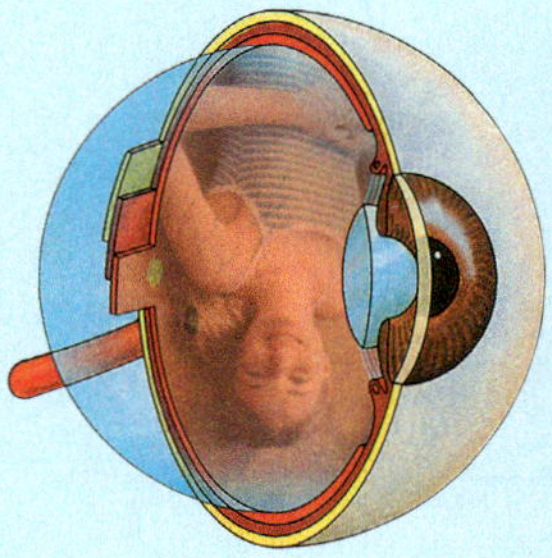

Wenn Björn Annika ansieht, entsteht auf der Netzhaut seines Auges ein Bild – ähnlich wie in einer Linsenkamera.
Wie sorgt das Auge dafür, dass dieses Bild scharf wird? Und welche Rolle spielt die Pupille dabei?

1

2

Unsere Augen erzeugen Netzhautbilder. Aber was wir in diesen Bildern erkennen, wird erst im Gehirn entschieden. Auch Björns Gehirn entscheidet, ob er Annika erkennt, welchen Gesichtsausdruck er wahrnimmt und ob ihr freundliches Lächeln registriert wird.
Beim Sehen spielt die Aufmerksamkeit eine wichtige Rolle: Suchen wir einen Schlüssel, richtet sich unser Gehirn genau auf den Schlüssel aus. Die unzähligen anderen Einzelheiten der Netzhautbilder, treten bei der Suche nicht in den Vordergrund.
Die Bilder 2 bis 5 zeigen, wie wichtig das Gehirn beim Sehen ist. Jedes dieser Bilder erzeugt ein Netzhautbild. Aber dieses Bild kann auf zwei Arten gedeutet werden: als Mädchen oder als Saxofonist, als Hase oder Ente, als Vase oder zwei Gesichter. Und auch damit, dass der Daumen größer ist als der Kopf, wird dein Gehirn leicht fertig.

3

4

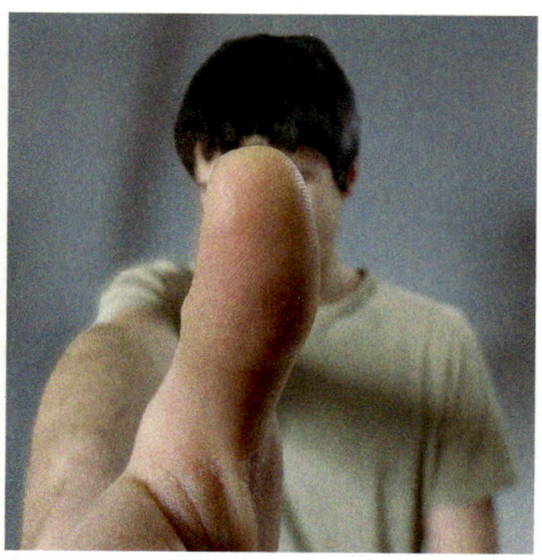

5

Experimente

1 Modell des Auges
Die Experimentieranordnung stellt ein Modell des Auges dar. ↑6

a Entferne die Kerze so weit von der Blende, dass auf dem Schirm ein scharfes Bild entsteht.

b Der Abstand Linse – Netzhaut ist beim menschlichen Auge unveränderlich, im Aufbau darf die Bildweite nicht mehr verändert werden.
Entferne die Kerze weiter von der Linse. Wie verändert sich das Aussehen des Bildes?

c Wie kann man wieder ein scharfes Bild erzeugen? Überprüfe deinen Vorschlag im Experiment.

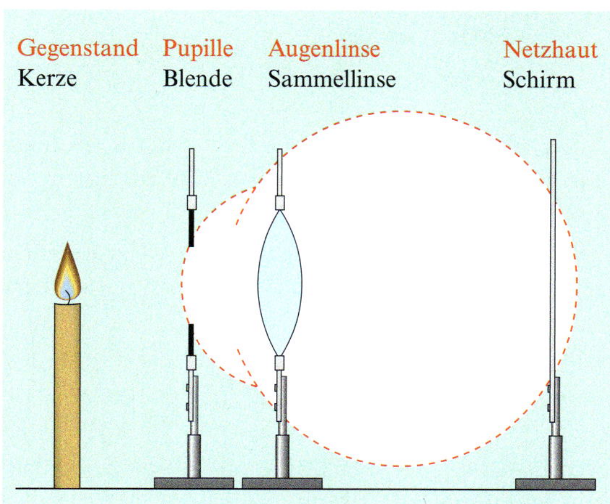

6

2 Brillengläser untersucht
Mit der Experimentieranordnung kannst du die Wirkung von Brillengläsern untersuchen. ↑7
Halte vor die Wanne Brillengläser für Kurzsichtige und Brillengläser für Weitsichtige.

a Beobachte und beschreibe den Verlauf des Lichts im gefärbten Wasser.

b Stelle den Verlauf der Lichtkegel grafisch dar.

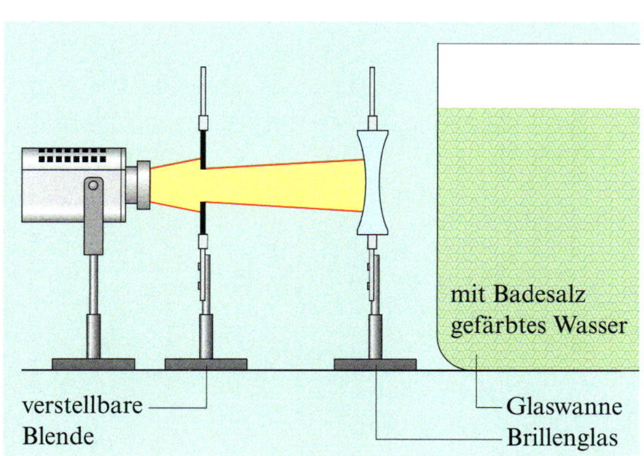

7

3 Die Pupille
Untersuche den Einfluss der Pupillenöffnung auf das Aussehen von Netzhautbildern. Nutze die dargestellte Experimentieranordnung. ↑8

a Schneide aus dünner Pappe einen Streifen, der genau in den Diahalter passt. In gleichem Abstand schneidest Du immer kleiner werdende Kreise in den Streifen.

b Bilde die Kerze ohne Lochstreifen scharf ab.

c Schiebe den Pappstreifen in den Diahalter ein, beginne mit dem kleinsten Kreis. Vergleiche die Bilder der Kerze, wenn der Durchmesser des Kreises vergrößert wird. Was bleibt jeweils im Bild der Kerze immer gleich?
Worin unterscheiden sich die Bilder der Kerze?

d Welche Funktion hat die Pupille mit der Iris im menschlichen Auge?

4 Korrektur von Augenfehlern
Dieses Experiemnt soll zeigen, wie Brillengläser bei unterschiedlichen Augenfehlern wirken. ↑6
Als „Augenlinse" wählen wir eine Sammellinse. Sie soll die Brennweite $f = 10\,\text{cm}$ haben.

a Stelle die Kerze 40 cm vor der „Augenlinse" auf. Wenn der Schirm 40 cm hinter der Linse steht, ist das Bild der brennenden Kerze unscharf. Die Anordnung entspricht einem kurzsichtigen Auge.

b Zur Korrektur der Kurzsichtigkeit verwendet man eine Zerstreuungslinse als Brillenglas. Für das Brillenglas soll die Stärke „-5 Dioptrien" ($f = -20\,\text{cm}$) angegeben sein. Was kannst du beobachten?

c Bei Weitsichtigen erzeugt die Augenlinse ein Bild, das hinter der Netzhaut liegen würde.
Wie muss man vorgehen, um die Wirkung eines Brillenglases für Weitsichtige zu zeigen?

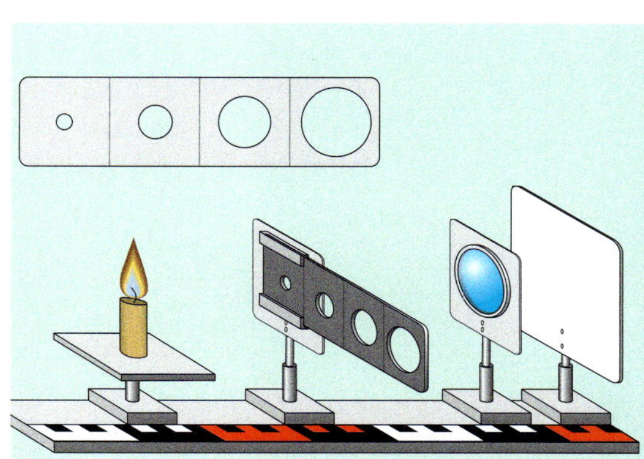
8

GRUNDLAGEN: Wie unser Auge das Bild scharf stellt

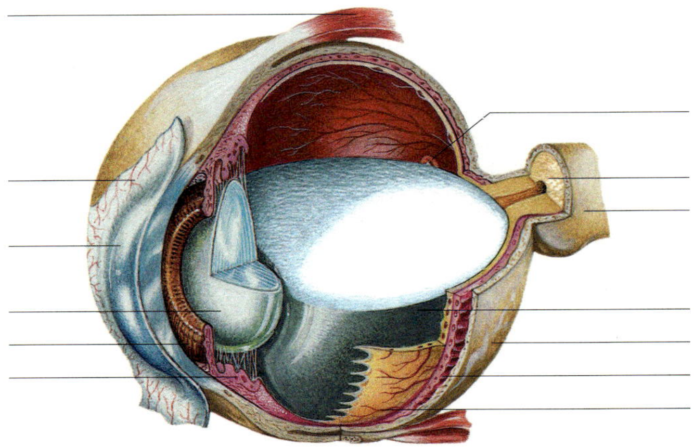

1

Schon gewusst?

Das Bild auf der Netzhaut ‚steht Kopf'. Im Gehirn wird aus diesem Bild eine optische Wahrnehmung, die zu den übrigen Wahrnehmungen passt: Unten ist eben dort, wo die Füße sind.
Wer eine Prismenbrille trägt, die die Bilder aufrecht auf der Netzhaut abbildet, sieh die Welt erst kopfstehend, aber nach einiger Zeit wieder richtig. Nach Absetzen der Brille steht nur kurze Zeit alles Kopf.

Im menschlichen Auge trifft das Licht zuerst auf die lichtdurchlässige Hornhaut. Sie hat eine ähnliche Wirkung wie eine Sammellinse. ↑1
Anschließend fällt das Licht durch die Pupille – ein Loch, das von der Iris umgeben ist. Iris und Pupille stellen zusammen eine Blende dar. Ihr Durchmesser beträgt bei geringem Lichteinfall bis zu 7 mm, bei starkem Lichteinfall 1 mm bis 2 mm.
Hinter der Pupille trifft das Licht auf die Augenlinse. Hornhaut und Augenlinse erzeugen auf der Netzhaut ein verkleinertes Bild.

Der Abstand Linse – Netzhaut ist im Auge immer gleich groß. Um unterschiedlich weit entfernte Gegenstände scharf abzubilden, verändert man die Brennweite der Augenlinse.

Mithilfe des Ziliarmuskels kann die elastische Augenlinse ihre Brennweite ändern. Durch diesen Vorgang, *Akkommodation* genannt, erfolgt eine Scharfstellung für unterschiedliche Entfernungen.
Beim Blick in die Ferne ist die Augenlinse nur schwach gewölbt, die Brennweite entspricht dem Augendurchmesser. ↑2
Wenn man einen nahen Gegenstand betrachtet, wölbt sich die Augenlinse stärker. Die Brennweite ist kleiner. Es entsteht wieder ein scharfes Bild auf der Netzhaut. ↑3

Ein Netzhautbild ist nicht so gut wie ein Foto. Wichtig für das Sehen ist die Rolle des Gehirns. Es verarbeitet die Signale, die es von den Sinneszellen über den Sehnerv erhält.

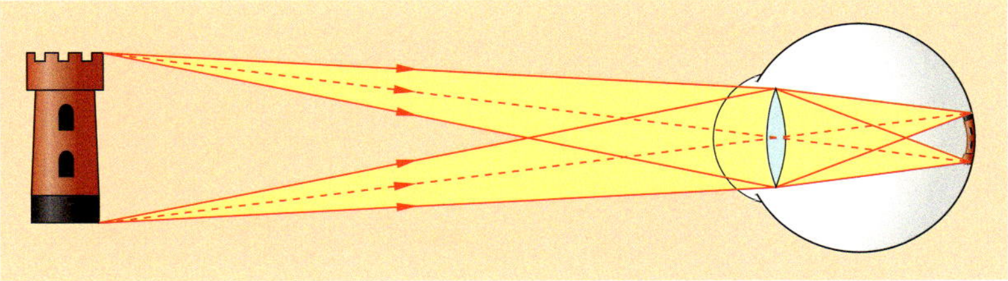

2

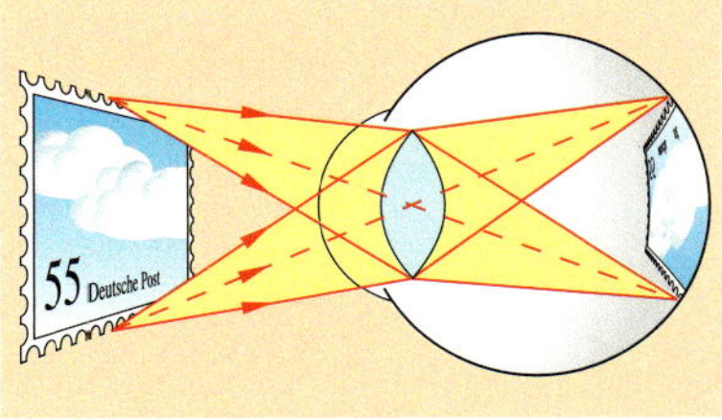

3

Probier's mal!

1 Bilder an einer Glasmurmel
An einer klaren Glasmurmel kannst du sehen, wie an der Rückseite Bilder entstehen. Hat die Glasmurmel einen Durchmesser von ca. 25 mm, entstehen Bilder, die etwa so groß sind wie die Bilder auf der Netzhaut deiner Augen.
Erzeuge mit der Glasmurmel Bilder eines hellen Fensters oder einer Kerzenflamme.

2 Die Pupille
Blicke jemandem ins Auge, der erst auf einen dunklen Gegenstand und dann in eine leuchtende Lampe sieht. Was fällt dir auf?

3 Erkennen von Details
Die Sehfähigkeit unserer Augen ist begrenzt. Sehr kleine Gegenstände können wir ohne Hilfsmittel nicht unterscheiden. Das gilt auch für die Punkte, aus denen die Bilder in einem gedruckten Buch zusammengesetzt sind.
Bei welcher der unten stehenden Farbflächen kannst du die Punkte noch aus einem Abstand von 30 cm unterscheiden? ↑4 ↑5 ↑6

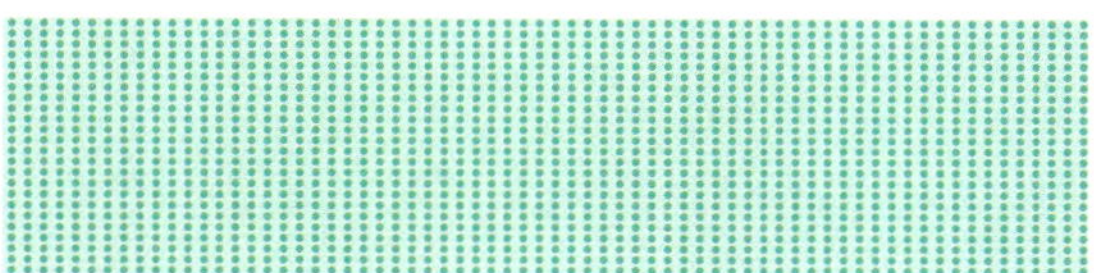
4

5

6

4 Loch – Lupe
Steche mit einer Stecknadel ein winziges Loch in ein Stück Pappe.
Halte diese Lochblende direkt vor dein Auge und blicke durch das Loch auf einen Gegenstand, der sich nur einige Zentimeter vor deinem Auge befindet, z. B. die Nadelspitze.
Vergleiche mit dem Blick ohne Lochblende.
Welchen Unterschied erkennst du?

5 Zwei Münzen – ein Auge
Lege zwei Münzen im Abstand von 6 cm vor dich auf ein Blatt Papier. Schließe dann das linke Auge und sieh mit dem rechten auf die linke Münze. Nähere dein Auge langsam den Münzen. Was geschieht?

6 Brillengläser
Besorge dir „Rohlinge" oder alte Brillengläser bei einem Optiker. Vergleiche den Rand der Gläser mit ihrer Mitte.
Du kannst die Gläser (Linsen) in zwei Gruppen einteilen. Wodurch unterscheiden sie sich?

7 Verlauf von Licht an Brillengläsern
Lass Sonnenlicht oder das Licht einer entfernt stehenden Lampe durch verschiedene Brillengläser fallen. Beobachte an einem Blatt Papier, wie das Licht hinter den Gläsern verläuft.

8 Nahsehen
Schließe ein Auge und bewege dieses Buch langsam auf dein offenes Auge hin. In welchem Abstand zum Auge beginnen die Buchstaben unscharf zu werden? Eine Mitschülerin oder ein Mitschüler kann den Abstand messen.

9 Ein Gegenstand – zwei Bilder
Von ein und demselben Standort aus kannst du einen Gegenstand auf unterschiedliche Art und Weise betrachten. ↑7 ↑8
Probiere es aus. Was hat sich dabei in deinen Augen geändert?

7

8

GRUNDLAGEN: So korrigiert die Brille Sehfehler

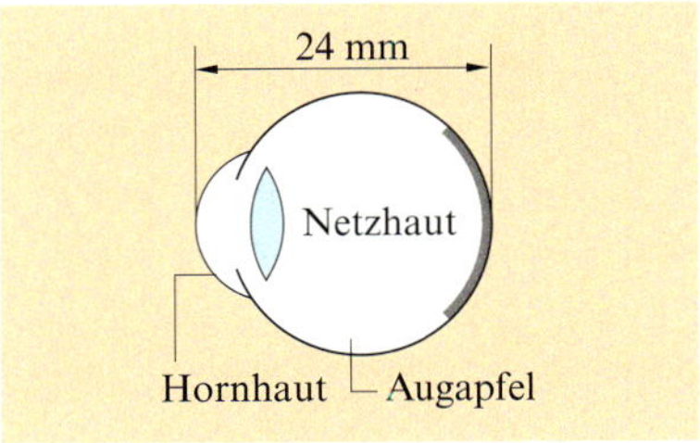

1 Normalsichtiges Auge

Normalerweise beträgt der Abstand zwischen Hornhaut und Netzhaut 24 mm. Bei Kurzsichtigen ist der Augapfel um einige Millimeter zu lang. Dadurch entstehen Bilder von weit entfernten Gegenständen vor der Netzhaut. Das Netzhautbild ist unscharf.
Die entspannte Augenlinse ist noch zu stark gewölbt, um ein scharfes Bild auf der Netzhaut zu erzeugen. ↑1 ↑2
Bei Weitsichtigen ist der Augapfel zu kurz. Die Bilder naher Gegenstände entstehen erst hinter der Netzhaut. Die Wölbung der angespannten Augenlinse ist zu gering, um das Bild scharf zu stellen. ↑4
Durch Brillen mit geeigneten Linsen kann man die Kurz- bzw. Weitsichtigkeit korrigieren: Zur Korrektur der Kurzsichtigkeit benutzt man Zerstreuungslinsen. Sie weiten die einfallenden Lichtbündel etwas auf. Dadurch vergrößert sich die Bildweite und das Bild entsteht auf der zu weit entfernten Netzhaut. ↑3

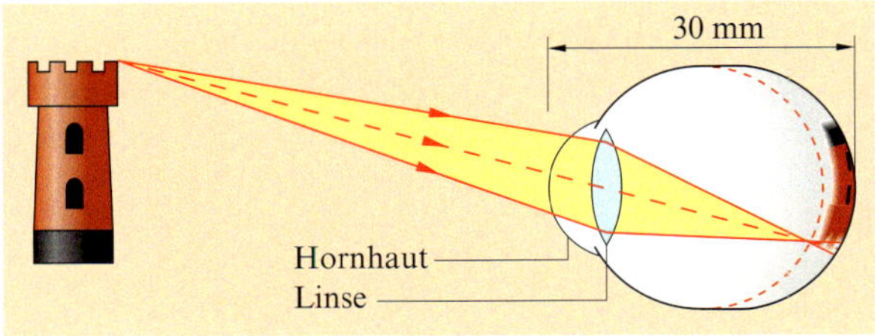

2

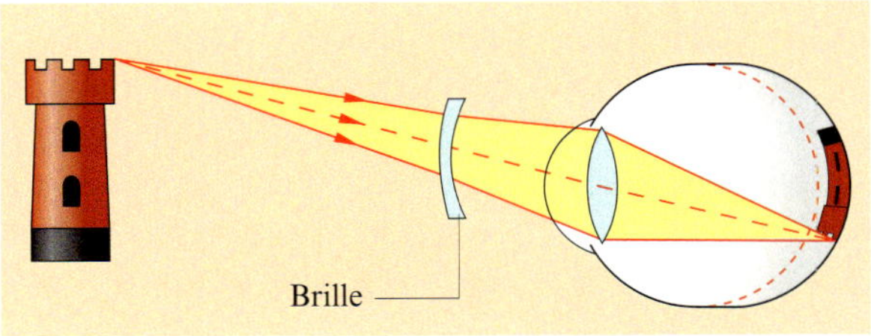

3

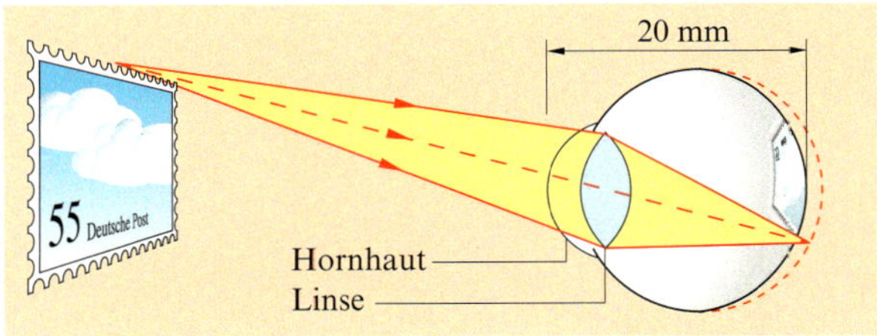

4

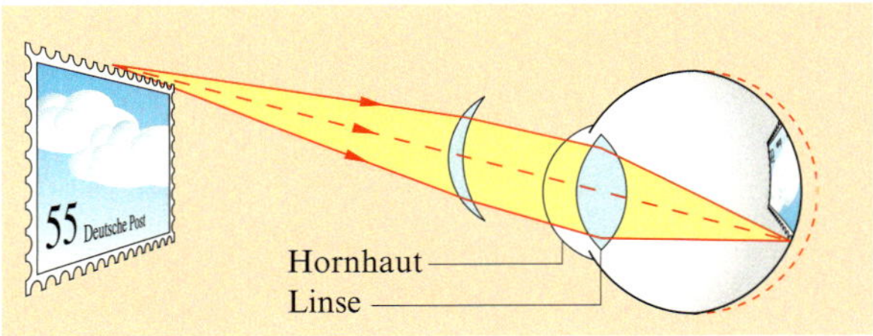

5

Aufgaben

1 Mit normalsichtigen Augen liest man in einem Abstand von 25 cm bis 30 cm. Manche Kinder beugen aber ihren Kopf beim Lesen viel tiefer über ein Buch.
Worauf könnte dieses Verhalten hindeuten?

2 Viele ältere Menschen sind altersweitsichtig, denn die Augenlinsen von älteren Menschen sind nicht mehr elastisch. Wie wird dadurch das Sehen beeinträchtigt?

3 Kontaktlinsen liegen auf der Hornhaut auf.
Wenn eine Kontaktlinse Kurzsichtigkeit korrigieren soll, muss ihre Außenseite dann stärker oder weniger stark gekrümmt sein als die Hornhaut?

4 Welchen Einfluss hat die Größe der Pupille auf das Netzhautbild?

5 Was versteht man unter Weitsichtigkeit?
Erkläre, wie eine Brille die Weitsichtigkeit korrigiert. ↑4 ↑5

6 Wie ist deine Augenlinse gewölbt, wenn du weit entfernte Gegenstände siehst? Wie ist sie beim Betrachten naher Gegenstände gewölbt?

7 Aus einer Beschreibung: „Das Auge ist sehr vielseitig. Es kann einen Golfball in 300 m Entfernung erkennen und gleich danach einen Text in nächster Nähe lesen. Es kann sich auch an rasch wechselnde Helligkeit anpassen."
Welche Teile des Auges leisten das?

8 Die Netzhaut hat einen Bereich ohne lichtempfindliche Zellen, den „Blinden Fleck". Warum nehmen wir trotzdem einwandfreie Bilder wahr?

Experimente

1 Größe eines Bleistiftes
Lege einen Bleistift quer vor dich auf den Tisch.
a Entferne dich einige Meter von dem Bleistift, ohne ihn aus den Augen zu lassen. Hast du den Eindruck, dass der Stift kleiner wird?
b Halte nun einen zweiten, gleich großen Stift mit ausgestrecktem Arm so vor dein Auge, dass du die beiden Stifte gleichzeitig siehst. Entferne dich wieder von dem ersten Stift.
Was fällt dir auf?

2 Räumliches Sehen
Stelle einen Stift senkrecht auf den Tisch. Versuche ihn dann mit der Fingerspitze zu treffen, während du ein Auge geschlossen hälst. Überprüfe zwischendurch mit beiden Augen, warum es nicht gelingt. Suche nach einer Erklärung.

3 Räumliche Figur
Stelle eine Postkarte auf die Strichlinie von Bild 6. Blicke von der Oberkante der Postkarte auf die Figur. Bei entspannten Augen verschmelzen die Teilbilder zu einer räumlichen Figur.

4 Zwei Netzhautbilder
Rolle ein Blatt Papier zu einer Röhre und halte es vor ein Auge. Mit dem anderen Auge blickst du auf die Hand, die sich direkt neben der Röhre befindet. ↑7
a Was siehst du, wenn du versuchst, mit beiden Augen zugleich auf einen fernen Gegenstand zu schauen?
b Was sieht das linke, was das rechte Auge allein?

5 Zwei Netzhautbilder – ein räumliches Bild
Halte einen Taschenspiegel rechts neben die Nase und betrachte mit dem rechten Auge das Spiegelbild des rechten Fotos. Mit dem linken Auge schaust du auf das linke Foto. Durch leichtes Kippen des Spiegels kannst du dann beide Bilder zur Deckung bringen – und plötzlich siehst du das Tulpenfeld räumlich, als stündest du direkt davor. ↑8 ↑9

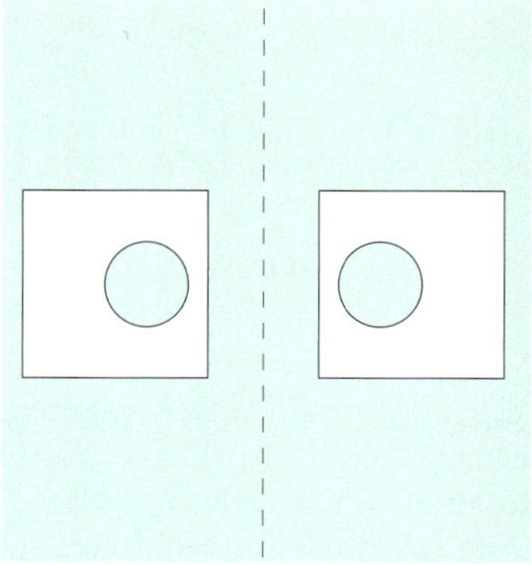
6

7

8

9

GRUNDLAGEN: Groß und klein – nah und fern

1

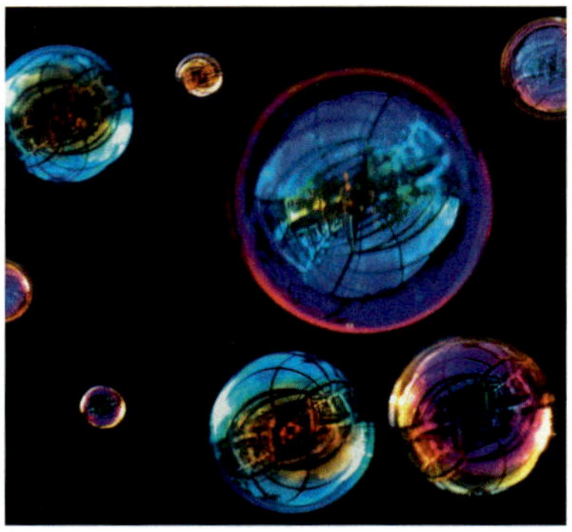
2

Bei den Heißluftballons fällt es uns nicht schwer zu erkennen, welche nah und welche weiter weg sind. Bei den Seifenblasen fällt uns die Entfernungseinschätzung viel schwerer. ↑1 ↑2
Woran liegt das?
Unsere Erfahrung sagt uns, dass alle Heißluftballons etwa gleich groß sind. Gleich große Gegenstände sehen umso kleiner aus, je weiter entfernt sie sind.
Seifenblasen dagegen können sehr unterschiedliche Größen haben. Deshalb können wir kaum beurteilen, ob wir eine kleine oder eine weiter entfernte Seifenblase sehen.

Der Sehwinkel γ wird zwischen den Verbindungslinien Auge – oberster Randpunkt und Auge – unterster Randpunkt gemessen. ↑3

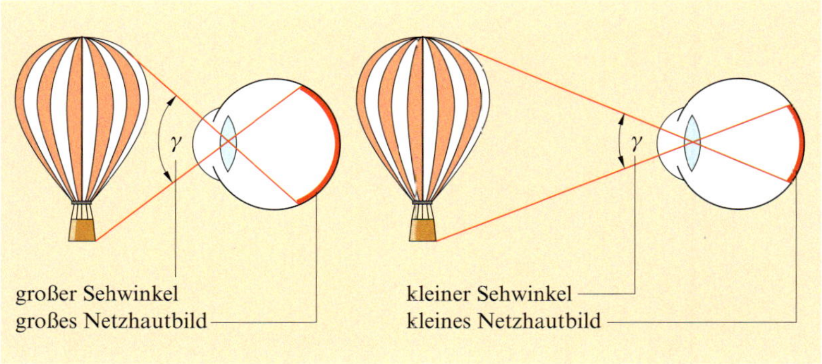

3

Je weiter ein Gegenstand vom Auge entfernt ist, desto kleiner ist das Netzhautbild und desto kleiner ist der Sehwinkel.

Meist fällt es uns gar nicht auf, dass Gegenstände kleiner aussehen, wenn ihr Abstand zu uns größer ist. Woran liegt das?
Bei Gegenständen, deren Größe uns vertraut ist, schließt das Gehirn aus der Größe des Netzhautbildes auf die Entfernung des Gegenstandes.
Bei Zeigern von Kirchturmuhren, Flugzeugen, Bohrinseln oder Schiffen fehlt uns ein Erfahrungswert hinsichtlich ihrer wahren Größe. Deshalb sind wir oft überrascht von ihren Ausmaßen, wenn wir sie aus nächster Nähe sehen. ↑4 ↑5

4

5

GRUNDLAGEN: Zwei Netzhautbilder – ein Seheindruck

Warum sehen wir eigentlich nicht alles doppelt? Wir haben doch zwei Augen und zwei Netzhautbilder.

In Experiment 4 auf Seite 73 scheint es, als blicke man durch ein Loch in seiner Hand. Die Bilder, die jedes Auge einzeln sieht, werden im Gehirn zu einem gemeinsamen Eindruck verarbeitet. Nur in besonderen Fällen, wenn das Gehirn „in die Irre geführt wird", führt das Zusammenfügen der beiden Netzhautbilder zu einer optischen Täuschung.
Meistens funktioniert dieses Zusammenfügen der beiden Netzhautbilder problemlos. Wir erhalten daraus wichtige Informationen. Vor allem Gegenstände, die sich in der Nähe befinden, liegen bei den beiden Netzhautbildern vor verschiedenen Stellen des Hintergrunds. ↑6 ↑7

Unser Gehirn nutzt den Unterschied zwischen den Netzhautbildern für die Erzeugung eines räumlichen Eindrucks.

Auch die unterschiedliche Richtung der Augachsen wird vom Gehirn ausgenutzt.

6

7

Beim *Chamäleon* sitzen die Augen seitlich am Kopf. Sie können unabhängig voneinander bewegt werden und zeigen dem Chamäleon völlig unterschiedliche Teile der Umgebung. Die Unterschiede zwischen den Netzhautbildern ergeben keinen räumlichen Eindruck. Aber wenn das Chamäleon eine Fliege erkennt, richtet es beide Augen darauf. Beide Netzhautbilder zeigen die Fliege in unterschiedlichen Positionen – das Chamäleon kann die Entfernung dann genau einschätzen. ↑8
Bei *Vögeln* sitzen die Augen seitlich am Kopf. Sie sehen mit jedem Auge ein vollkommen anderes Motiv. Die Unterschiede zwischen den Netzhautbildern ergeben keinen räumlichen Eindruck. ↑9
Bei Katzen, Tigern, Füchsen und anderen *Beutegreifern* werden an die Augen ganz andere Anforderungen gestellt. Diese Jäger müssen den Abstand zur Beute genau erfassen. Nur dann können sie die Beute mit einem Sprung packen. Beutegreifer haben zwei nach vorn gerichtete Augen, deren Blickfeld sich überlappt. Die unterschiedlichen Netzhautbilder lassen eine genaue Entfernungsbestimmung zu. ↑10
Für *Beutetiere* ist es lebenswichtig, Gefahren schon frühzeitig zu bemerken. Ihre Augen stehen links und rechts des Kopfes und können ein Blickfeld von fast 360° überschauen. ↑11

8

9

10

11

Aus der Geschichte Vorstellungen vom Sehen – ein alter Streit

1

2

3

Seit über 2000 Jahren versuchten die Wissenschaftler, die Geheimnisse des Sehens zu ergründen. Die *Pythagoräer* (ca. 500 v. Chr.) dachten, Sehen sei eine aktive Tätigkeit. Diese Vorstellung kommt in vielen Redewendungen zum Ausdruck: „Er hat einen stechenden Blick.“, „Sie wirft einen Blick auf die Uhr.“, „Er schaut sich um.“…
Die Pythagoräer stellten sich vor, dass von den Augen „Sehstrahlen“ ausgehen, mit denen die Umgebung abgetastet wird wie mit langen Fühlern. ↑1

Dieser Theorie widersprach PLATON (427–347 v. Chr.): Wenn nämlich das Auge Sehstrahlen ausschickt, müsste man ja auch im Dunkeln sehen können! PLATON nahm daher an, dass es zweierlei Strahlen gibt, deren Zusammenwirken das Sehen erst möglich macht: Sehstrahlen, die vom Auge ausgehen, und Lichtstrahlen, die von Lichtquellen ausgehen. ↑2
Gegen jede Theorie der Sehstrahlen wandten sich die *Atomisten*. Sie stellten sich den Sehvorgang so vor: Von der Oberfläche der Körper lösen sich dauernd Atome ab, die als Abbild des Körpers durch die Luft fliegen und ins Auge gelangen. ↑3

Erst vor 300 Jahren entwickelte sich allmählich unsere heutige Vorstellung, nach der das Auge ein Lichtempfänger ist. Es fliegen aber keine Bilder durch die Luft, wie die Atomisten dachten, sondern es fällt nur Licht ins Auge. Dadurch entstehen im Auge Bilder auf der Netzhaut. Was wir von diesen Bildern bewusst wahrnehmen und wie wir die Bilder deuten, wird im Gehirn entschieden – je nach Aufmerksamkeit und Erfahrung.

Aufgaben

1 Welche Sinneseindrücke helfen uns, oben und unten zu unterscheiden?

2 Welche Vorstellungen hatten die Pythagoräer, Platon und die Atomisten vom Sehen?

3 Welche Argumente kannst du gegen die Vorstellung von den „Sehstrahlen“ anführen?

4 „Nur ein geschultes Auge vermag kranke von gesunden Bäumen zu unterscheiden“, sagt ein Förster. „Man sieht nur, was man weiß“, heißt ein Sprichwort.
a Erläutere, was damit jeweils gemeint ist.
b Suche weitere Beispiele dafür, was nur ein geschultes Auge entdeckt.

5 Wenn man ein Auge geschlossen hält, ist es schwierig, einen Faden in ein Nadelöhr zu fädeln. Warum?

6 Mit einem Doppelspiegel kann man den räumlichen Eindruck verbessern. Warum? ↑4

7 Früher wunderten sich viele Menschen sehr darüber, dass die Menschen in Australien „kopfüber“ an der Erde hängen. Deshalb wurden die Australier auch „Antipoden“ (griech., Gegenfüssler) genannt.
Wenn man aber nach Australien reist, merkt man nichts Außergewöhnliches bezüglich oben und unten. Erkläre.

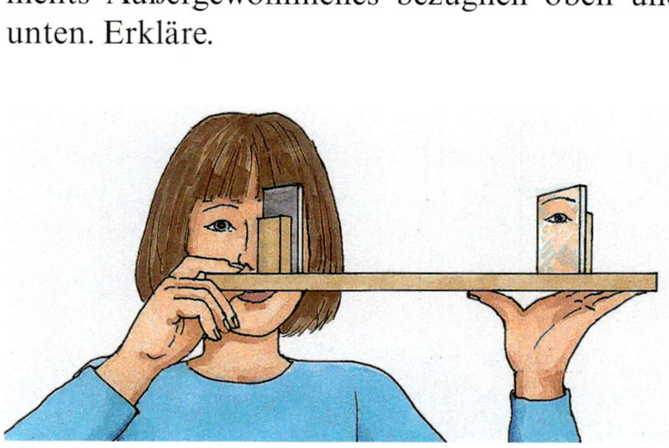
4

Aus der Umwelt Optische Täuschungen in Zeichnungen

5 Sind die langen Linien wirklich krumm?

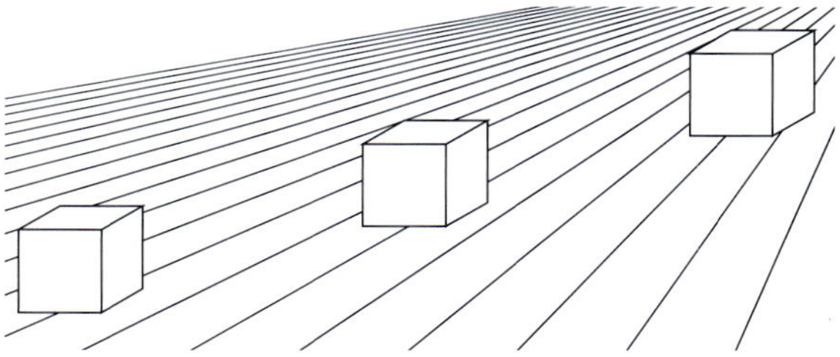

6 Sind die drei Würfel unterschiedlich groß?

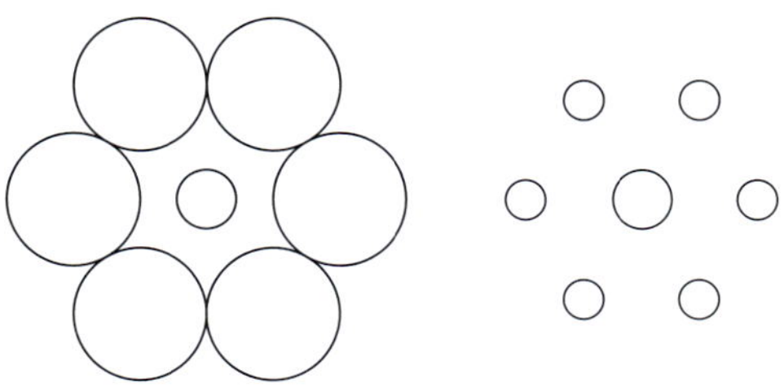

7 Vergleiche die Größe der beiden inneren Kreise.

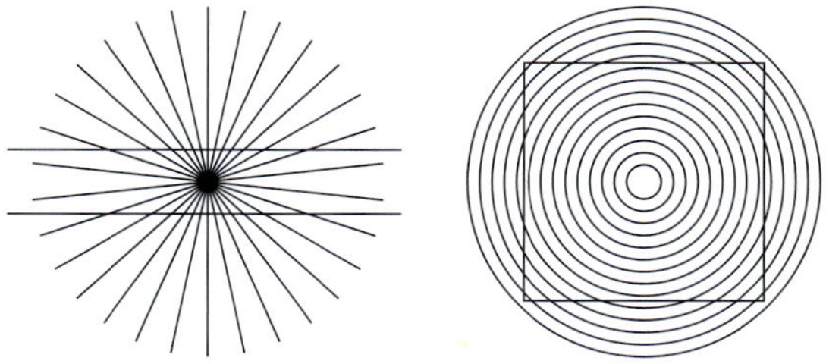

8 Sind das wirklich Parallelen und ein Quadrat?

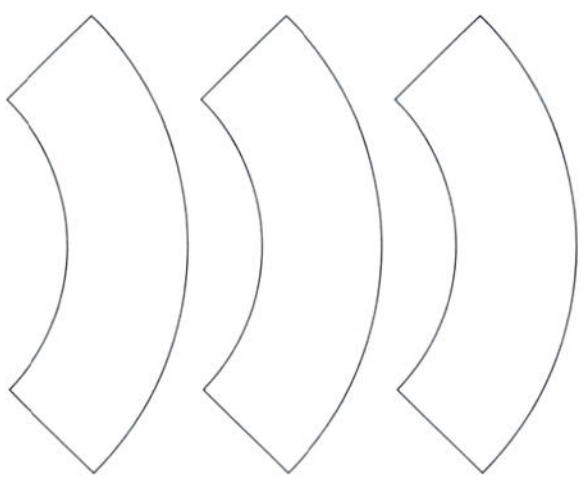

9 Welches der Teile ist am größten?

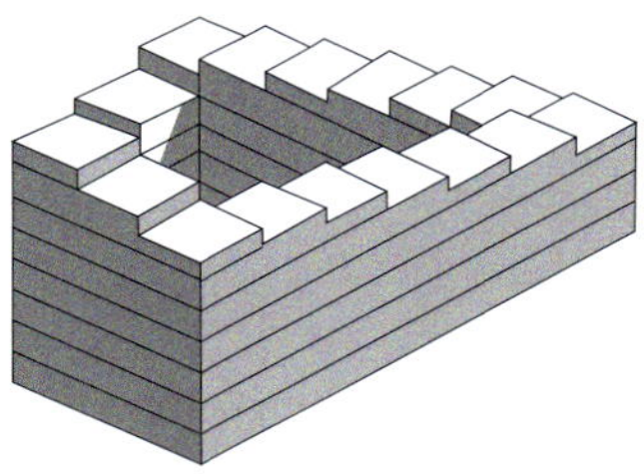

10 Hier geht man ständig treppauf. Oder?

Probier's mal!

1 Kippbilder

Schau dir die Bilder in Ruhe an. Schaffst du es, in jedem Bild zwei Sachen zu erkennen?
Wenn du unterschiedliche Teile des Bildes verdeckt, fällt es leichter, eine oder die andere Sache zu erkennen. Probiere es aus! ↑11 ↑12

11

12

2 Kippbilder im Internet

Suche unter den Stichworten „Optische Täuschungen Kippbild" im Internet weitere Bilder über optische Täuschungen.
Sind die Bilder ausdruckbar, bringe sie mit in den Unterricht.

3 Die Größe des Vollmondes

Informiere dich in einer Tageszeitung oder im Internet, wann der Vollmond aufgeht.
Vergleiche das Aussehen des Vollmondes beim Aufgang und einige Stunden später.

4 Verschobene Netzhautbilder

Jedes Auge erzeugt ein eigenes Bild. Das merkst du, wenn du eines der Netzhautbilder in eine ungewöhnliche Lage bringst. Drücke vorsichtig mit dem Zeigefinger seitlich gegen ein Auge. Was stellst du fest?

Aus der Umwelt Optische Täuschungen in der Natur

1

2

Warum erscheint uns die Abendsonne so groß?

Am Abend, wenn die Sonne dicht über dem Horizont steht, erscheint sie uns oft riesig, viel größer als tagsüber, wenn sie hoch oben am Himmel durch die Wolken scheint. ↑1 ↑2

Der unterschiedliche Seheindruck ist in den beiden Fotos wiedergegeben. Allerdings wurde in Bild 2 ein Teleobjektiv verwendet, in Bild 1 ein Normalobjektiv. Mit dem gleichen Objektiv aufgenommen, ist das Sonnenbild immer gleich groß.

Mit der Methode von Bild 3 kannst du selbst nachmessen, dass die Abendsonne nicht größer ist als die Mittagssonne. ↑3

(Achtung, nie mit ungeschützten Augen in die Sonne blicken!)

Der Abstand der Sonne ändert sich im Lauf des Tages nicht. Auf unserer Netzhaut ist deshalb das Bild der Sonne am Mittag ebenso groß wie am Abend.

Woran liegt es, dass die Abendsonne uns so groß erscheint? Wieso spielt unser Gehirn uns einen Streich?

Für uns Menschen ist es wichtig, dass wir in der Ebene Entfernungen gut beurteilen können. Für Entfernungen in Richtung Himmel ist unser Urteilsvermögen schlecht ausgebildet. Wir schätzen sie immer zu klein.

Daher erscheint uns der Himmel über uns näher als der in der Waagerechten liegende Horiziont.

Steht die Sonne hoch am Himmel, schätzen wir ihre Entfernung viel kleiner ein, als wenn sie dicht über dem Horizont steht. Weil das Netzhautbild aber gleich groß ist, schließt unser Gehirn aus der scheinbar kleineren Entfernung am Tage auf eine kleinere Sonne – und entsprechend am Abend auf eine größere Sonne. ↑4

3 Mit dieser Lochkamera (1 m langes Papprohr, 1 mm-Loch vorn, Transparentpapier hinten) kannst du selbst feststellen, dass die Abendsonne nicht größer ist als die Mittagssonne.

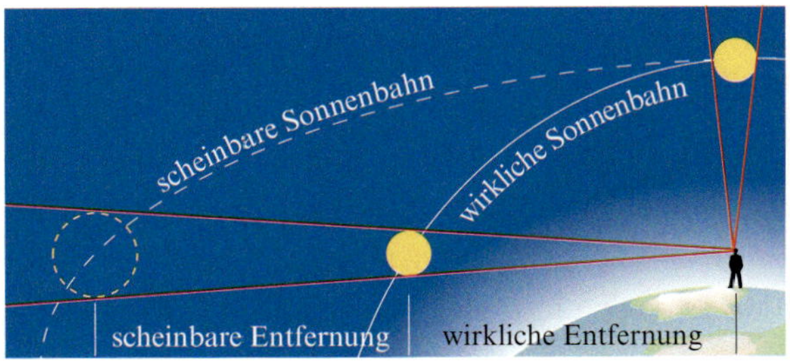

4

Aufgaben

1 Können die beiden Männer wirklich so gemütlich sitzen, wie es auf den ersten Blick aussieht? ↑5

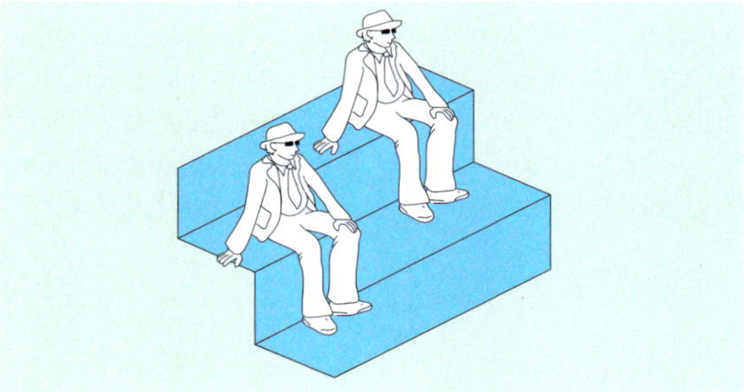

5

2 Was ist an dem unten stehenden Bild so außergewöhnlich? Beschreibe. ↑6

6

3 Sieh dir das Foto genau an. ↑7

a Was stimmt nicht an diesem Bild?

b Was du als Stufe siehst, ist in Wirklichkeit ein ebenes Blatt Papier. Versuche es nachzuzeichnen.

7

4 Auf dem Flughafen sehen die Flugzeuge größer aus als am Himmel. Warum?

5 Begründe, dass beim Baumfällen der abgesperrte Bereich am Boden um den Faktor 1,5 größer sein sollte als die geschätze Höhe des Baums.

6 Deine Daumenbreite verdeckt am ausgestreckten Arm einen Sehwinkel von etwa 2°.

a Schätze die Sehwinkel verschiedener Dinge.

b Wie weit muss ein Mitschüler entfernt sein, damit du ihn unter einem Sehwinkel von 2° siehst?

7 Fotografien können einen Betrachter leicht über die realen Größenverhältnisse täuschen. ↑8
Die wahre Größe der Autos erkennst du erst anhand eines zweiten Bildes. Woraus schließen wir bei einem Foto, wie groß der abgebildete Gegenstand ist?

8

8 Eisenbahnschienen scheinen in der Ferne ebenso zusammenzulaufen wie die Lichtbündel der Sonne im Bild 1 auf Seite 44. Warum? ↑9

9

9 Obwohl der Durchmesser der Sonne ungefähr 400-mal so groß ist wie der des Mondes, erscheinen uns beide Himmelskörper ungefähr gleich groß. Woran liegt das?

10 Menschen, die nicht im Hochgebirge leben, können sich dort beim Bergwandern verschätzen. Sie sehen die hohen Berge unter dem gleichen Winkel wie die Hügel oder die niedrigen Berge ihrer Heimat. Warum kann das für sie gefährlich werden?

Auf einen Blick

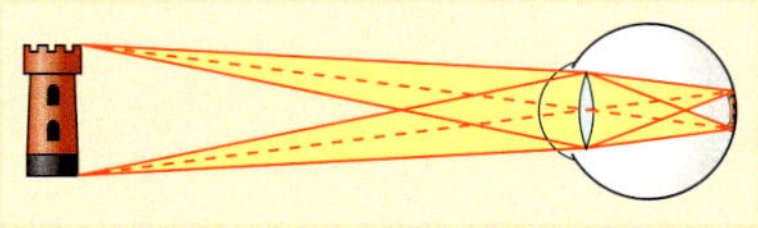
1

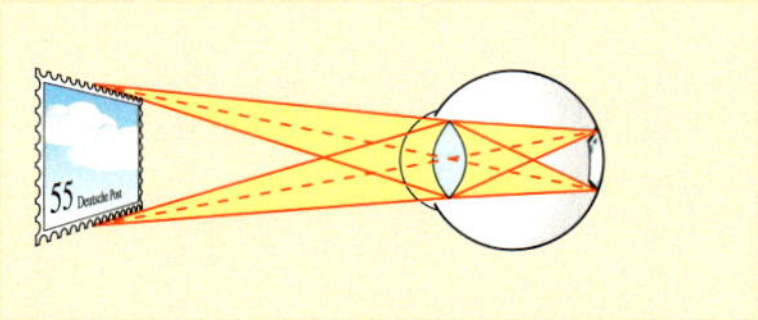
2

Das Auge – physikalisch betrachtet Damit wir sehen, muss Licht ins Auge fallen. Von den Gegenständen, die das Licht aussenden, erzeugt das Auge Bilder auf der Netzhaut. ↑1
Die einfallenden Lichtbündel werden an der Hornhaut und durch die Augenlinse gebrochen.
Das Auge kann Gegenstände in verschiedenen Abständen scharf stellen, ohne die Bildweite zu verändern. Denn die Augenlinse kann in ihrer Brennweite verändert werden: Bei kleiner Gegenstandsweite wird sie stärker gewölbt, bei großer Gegenstandsweite schwächer. ↑2

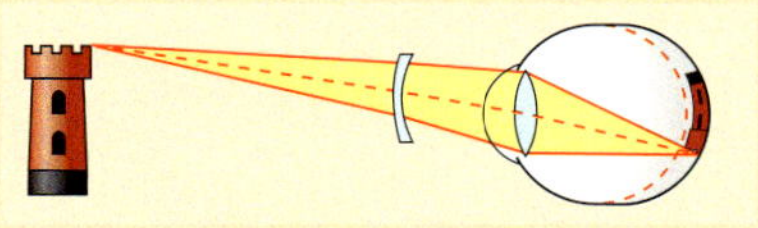
3

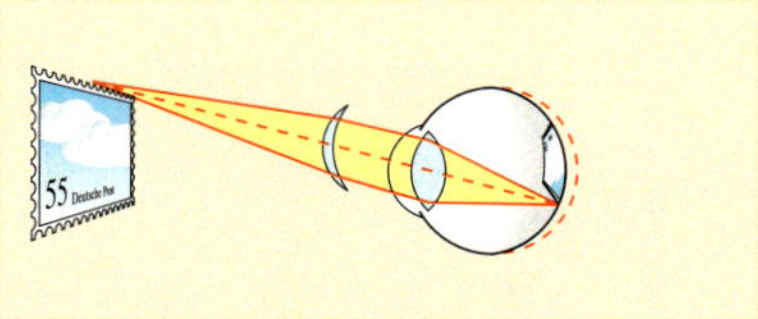
4

Augenfehler und ihre Korrektur Wenn der Augapfel zu kurz oder zu lang ist, werden Gegenstände nicht auf der Netzhaut abgebildet, sondern dahinter oder davor. Zur Korrektur der Kurzsichtigkeit dienen Zerstreuungslinsen. Sie weiten die einfallenden Lichtbündel so auf, dass das Bild auf der Netzhaut entsteht. ↑3
Die Weitsichtigkeit wird mit Sammellinsen korrigiert. Sie lassen die Lichtbündel stärker zusammenlaufen, sodass das Bild auf der Netzhaut entsteht. ↑4

Der Sehvorgang Damit wir sehen können, muss Licht ins Auge fallen. Das Licht erzeugt dann auf der Netzhaut ein Bild. Das ist die physikalische Voraussetzung für das Sehen. Die Signale von der Netzhaut werden vom Gehirn ausgewertet. Erst dadurch nehmen wir unsere Umgebung wahr. Dabei spielen unsere Erfahrung und unser Wissen eine wichtige Rolle. Mit Hilfe des Gedächtnisses ordnen wir dem Seheindruck Bedeutungen zu. Dadurch wird bestimmt, was wir in dem Netzhautbild erkennen.

Ein Bild aus zwei Netzhautbildern Für die Wahrnehmung wertet unser Gehirn die Netzhautbilder beider Augen aus. Von Gegenständen, die in der Nähe liegen, entstehen in den beiden Augen etwas unterschiedliche Bilder. Das Gehirn nutzt diesen Unterschied, um einen räumlichen Eindruck zu erzeugen. ↑5

5

Groß und klein – nah und fern Je weiter ein Gegenstand entfernt ist, desto kleiner ist sein Bild auf der Netzhaut. Die Größe des Netzhautbilds hängt vom Sehwinkel ab. Bei bekannten Gegenständen schließen wir aus der Größe des Netzhautbildes auf die Entfernung. Auch mit der Lupe kann man das Netzhautbild vergrößern. Ihre Wirkung beruht darauf, dass man die Gegenstände aus kleinerem Abstand betrachten kann als ohne Hilfsmittel. ↑6

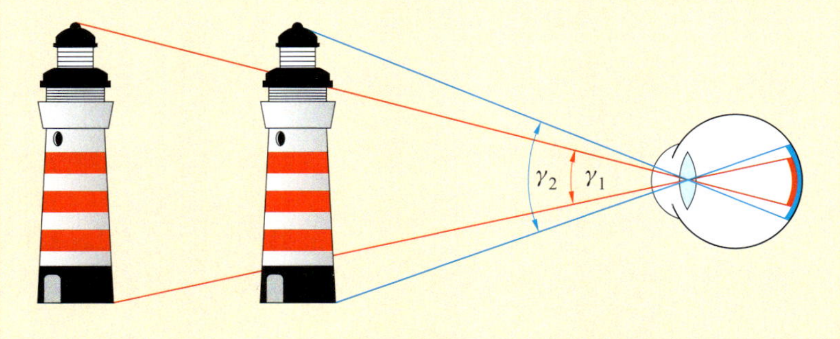

6

Alles klar?

1 Wie stellt sich unser Auge auf unterschiedlich weit entfernte Gegenstände ein?

2 Ermittle durch eine Konstruktion die Größe des Netzhautbildes von einer 1 cm großen Raupe? Der Augapfel hat einen Durchmesser von 24 mm. Kleinere Gegenstände betrachten wir aus 25 cm Entfernung. Verwende für die Konstruktion Richtungsstrahlen.
Zeichne im Maßstab 1:1.

3 Welche Linsen aus Bild 7 eignen sich als Brillengläser für Kurz- bzw. Weitsichtige?

4 Großvater sagt im Spaß: „Ohne Brille sind mir beim Lesen die Arme zu kurz."
Wie meint er das?

5 Ein Auto fährt auf dich zu. Wie ändert sich sein Netzhautbild?

6 Wie kommt es, dass der Elefant nur „25 cm hoch" ist? ↑8

7 Die Sterne (z. B. des Großen Wagens) nehmen wir so wahr, als wären sie alle gleich weit von uns entfernt. In Wirklichkeit ist der Abstand der Sterne von der Erde ganz unterschiedlich. ↑9
Warum merken wir davon nichts?

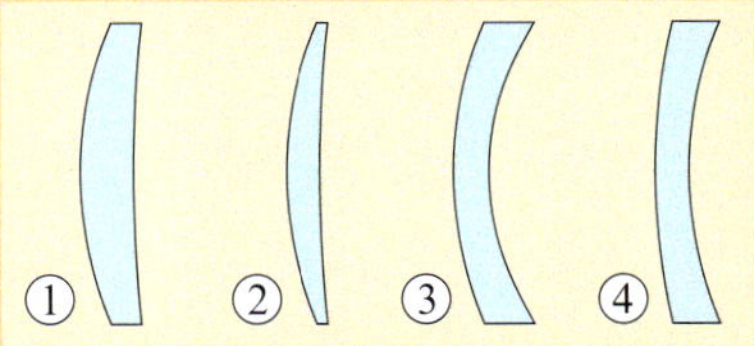

7

8

9

Lichtbrechung

Die Ureinwohner Australiens – die Aborigines – erlegen Fische vom Ufer aus mit einem Speer. Durch spezielles Training und Weitergabe ihrer Erfahrungen haben sie ihre Jagdmethoden so perfektioniert, dass wir Mitteleuropäer nur staunen können.

1

Wie schwierig das Zielen dabei ist, macht ein Experiment deutlich: Du sollst die Münze mit einem „Speer" treffen. Zuerst richtest du das Glasrohr auf die Münze aus. Dabei darfst du nur von der Seite aus blicken, auf der das Stativ steht. Hast du das Glasrohr gut ausgerichtet, wird ein dünner Stab durch das Rohr geschoben. ↑2 ↑3
Beim ersten Versuch gelingt es kaum jemandem, die Münze zu treffen. Welchen Trick kennen die Aborigines?
Um einen Gegenstand zu treffen, zielen wir in die Richtung, in der wir den Gegenstand sehen, weil das Licht auf geradem Weg vom Gegenstand in unsere Augen läuft. Aber genau diese Methode funktioniert nicht, wenn der Gegenstand im Wasser liegt. Wird das Glasrohr so eingestellt, dass man die Münze durch das Rohr sieht, geht der „Speer" über die Münze. Die Münze ist nicht da, wo sie unserem Auge erscheint. ↑4
Um sie zu treffen, muss man mit dem Rohr ein Stück unter die Münze zielen. Diesen Trick beherrschen die Aborigines.
Wenn wir untersuchen, was mit dem Licht geschieht, wenn es auf die Wasseroberfläche trifft, können wir den Trick der Aborigines erklären.

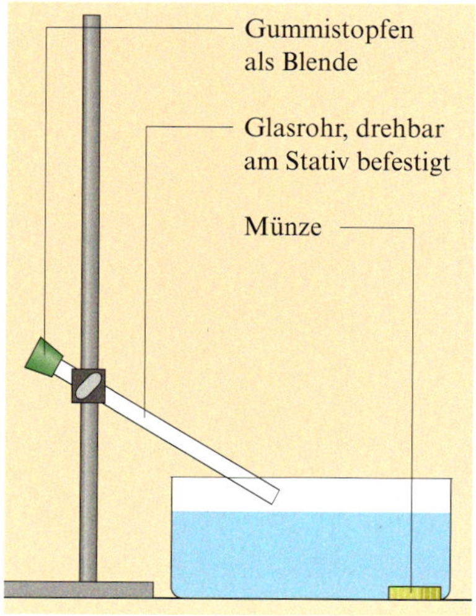

2

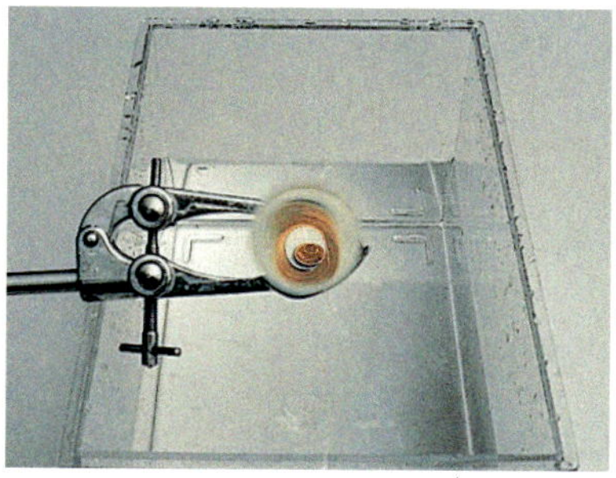

3

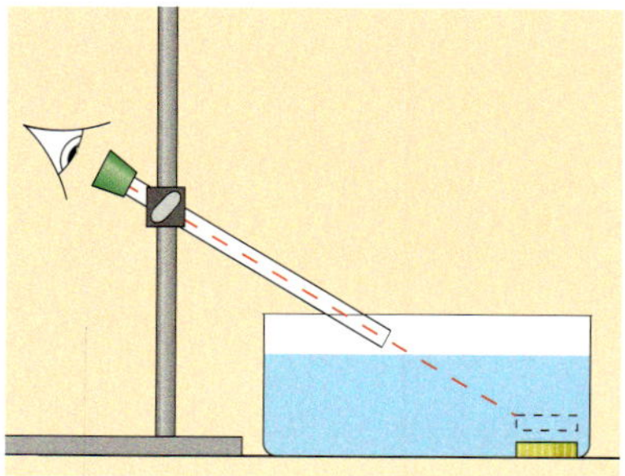

4

Experimente

1 Schatten im Wasser
JOHANNES KEPLER (1571 – 1630) hat festgestellt, dass die Schatten im Wasser kürzer sind als an der Luft. ↑5
Überprüfe KEPLERS Aussage, indem du die Länge der Schatten innerhalb und außerhalb des Wassers misst. Was musst du tun, damit der Unterschied möglichst groß wird? Überprüfe deine Vermutung im Experiment.

2 Verlauf von Licht an Grenzflächen
Wenn Licht durch die Oberfläche von Wasser oder Glas hindurchgeht, ändert sich seine Richtung. Man spricht von Brechung. ↑6

a Was fällt dir auf, wenn das Licht immer schräger auf die Glasoberfläche trifft?

b Was geschieht bei senkrechtem Lichteinfall?

3 Gesetze der Richtungsänderung
Untersuche mit der Experimentieranordnung auf den Bildern 7 und 8 die Gesetzmäßigkeiten der Richtungsänderung.
Der Winkel im ersten Stoff (aus dem das Licht kommt) heißt Einfallswinkel α, der Winkel im zweiten Stoff (in den das Licht eindringt) heißt Brechungswinkel β. ↑7

a Das Licht fällt aus der Luft auf die ebene Fläche des gläsernen Halbzylinders. Miss die Brechungswinkel β zu verschiedenen Einfallswinkeln α. Stelle die Messwerte in einer Tabelle zusammen und werte deine Messreihe grafisch aus. ↑7
(siehe Seite 94: „Methoden“)

b Verändere den Lichtweg nun so, dass das Licht den umgekehrten Weg nimmt. Stelle für die Einfallswinkel α die Werte ein, die du im Aufgabenteil a für den Winkel β gemessen hast. Welche Werte ergeben sich für den Brechungswinkel β? Vergleiche mit den Werten aus Aufgabe a. ↑8

4 Brechung an anderen Glaskörpern
Ersetze den Halbzylinder durch andere Glaskörper (eine Glasplatte, ein Glasdreieck, einen linsenförmigen Glaskörper …). Beobachte die Lichtwege. Erkläre deine Beobachtungen mit den Ergebnissen aus Experiment 3.

5 KEPLERS Versuch

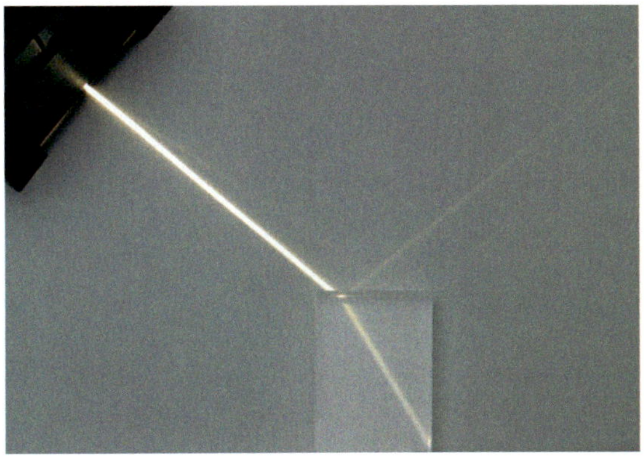
6 Richtungsänderung

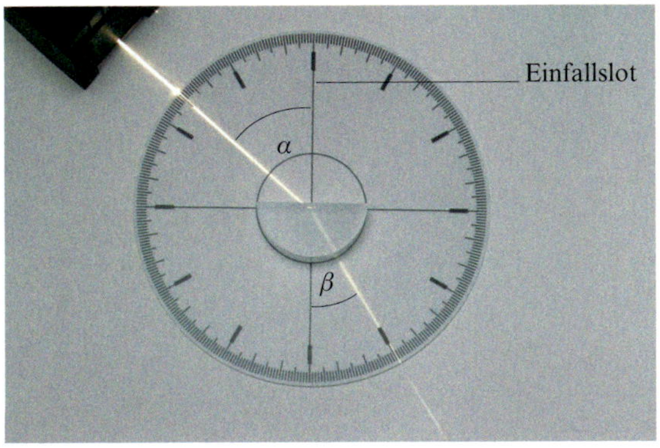

7 Übergang Luft – Glas

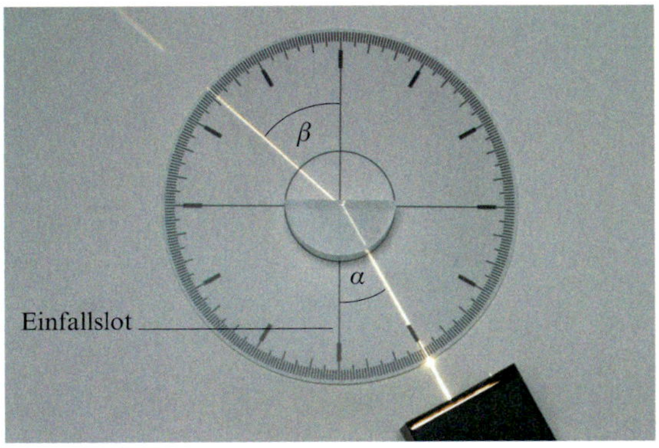

8 Übergang Glas – Luft

GRUNDLAGEN: Scheinbilder durch Brechung

Eine Münze, die unter Wasser liegt, scheint vom Ufer aus betrachtet angehoben. Um die scheinbare Anhebung der Münze zu verstehen, verfolgen wir den Lichtweg von der Münze nach oben. Dazu leuchten wir mit einer Lampe von unten her, dicht an der Münze vorbei, in das Wasserbecken. An der Wasseroberfläche hat der Lichtweg einen „Knick". Diesen Effekt bezeichnet man als Brechung des Lichts. ↑1

Wenn Licht eine Grenzfläche zwischen zwei lichtdurchlässigen Körpern durchdringt, verändert es seine Ausbreitungsrichtung. Es wird teilweise gebrochen und ein Teil wird, wie immer an glatten Flächen, reflektiert.

1 Lichtbrechung beim Übergang des Lichts von Wasser in Luft

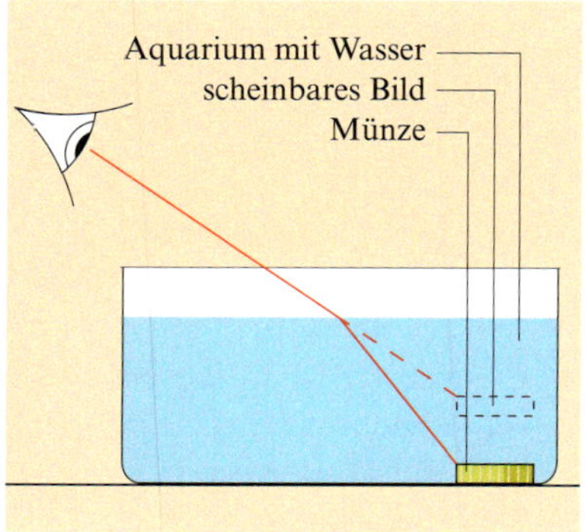

2 Durch die Brechung entsteht ein Scheinbild der Münze.

Die Brechung verursacht die scheinbare Anhebung von Gegenständen, die sich im Wasser befinden (optische Hebung). Unser Gehirn geht nämlich davon aus, dass das Licht sich geradlinig ausbreitet.
Wir sehen die Dinge immer in der Richtung, aus der das Licht in unsere Augen gelangt. ↑2
Weil das Auge die Brechung des einfallenden Lichts nicht wahrnehmen kann, kommt es zu Scheinbildern (virtuellen Bildern). Beispiele zeigen die Bilder 4 und 5.
Die Ergebnisse der Experimente zeigen auch, dass es keinen Unterschied gibt, wenn man den Lichtweg von Luft in Wasser oder von Wasser in Luft verfolgt.

Der Lichtweg ist auch bei der Brechung umkehrbar.

4 Scheinbar geknicktes Schilfrohr

5 Scheinbar verkürzte Beine

Schon gewusst?

Auch Taucher sehen Dinge außerhalb des Wassers scheinbar angehoben.

3

Probier's mal!

1 Die unsichtbare Münze
Lege eine Münze in eine Tasse. Blicke so über den Rand, dass du sie nicht siehst. Behalte die Position bei, während du Wasser hineingießt. Was beobachtest du? ↑6

2 Münzen in unterschiedlichen Flüssigkeiten
Fülle eine zweite gleiche Tasse mit Spiritus genauso voll wie die erste mit dem Wasser. Lege in beide Tassen ein Geldstück an die gleiche Stelle. Sieh in beiden Tassen gleichzeitig auf das Geldstück und gehe dabei allmählich mit dem Kopf tiefer. Die Geldstücke verschwinden hinter dem Rand.
a Bei welcher Flüssigkeit geschieht das zuerst?
b Durch welche Flüssigkeit erscheint das Geldstück stärker gehoben?

3 Lineal im Wasser
Fülle eine kleine Schale mit Wasser. Stelle ein Lineal senkrecht hinein. Schaue darauf – zuerst schräg, dann fast parallel zur Wasseroberfläche. Was fällt dir an der Skala des Lineals auf? ↑7

4 Glasplatten
Peile über die Kante einer Glasscheibe eine senkrechte Linie an – z. B. einen Fensterrahmen. Drehe nun die Glasscheibe um ihre vertikale Achse. Was stellst du fest?

6

7

Aus der Natur Die Abendsonne ist nicht rund

Beim Sonnenuntergang erscheint uns die Sonne platt gedrückt. Wie kommt das? Die Sonne kann ihre Form nicht verändern. Tatsächlich sieht man ein Scheinbild der Sonne, das durch Brechung des Sonnenlichts in der Lufthülle der Erde entsteht. Das Weltall, aus dem das Sonnenlicht zu uns kommt, ist luftleer. Die Erde ist von einer Lufthülle umgeben, die zur Erdoberfläche hin immer dichter wird. Wenn das Licht in die Lufthülle eindringt, wird es gebrochen – nicht nur einmal, sondern nach und nach immer mehr. Deshalb läuft das Sonnenlicht auf einem gekrümmten Weg durch die Lufthülle. Unsere Augen bekommen diese Krümmung nicht mit. Sie sehen die Sonne in der Richtung, aus der das Sonnenlicht ankommt.
Die Sonne wird also scheinbar etwas angehoben. Das Licht des unteren Sonnenrands wird stärker gebrochen als das des oberen. Der untere Rand wird somit stärker angehoben als der obere. So kommt es zur Abplattung der Sonne. ↑8 ↑9

8

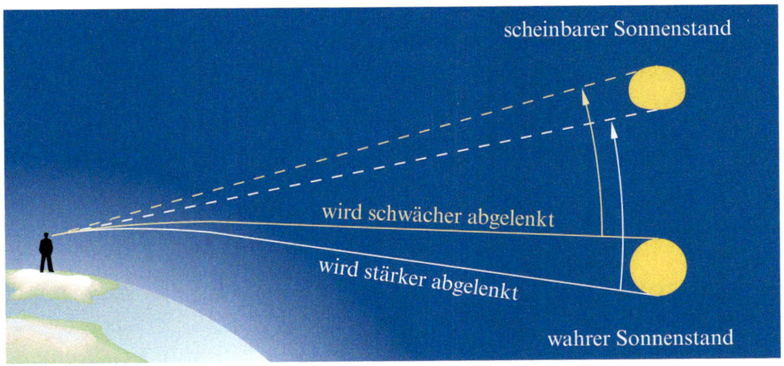

9

Methode

Grafische Auswertung von Messreihen

Wie hängen Einfallswinkel α und Brechungswinkel β beim Übergang des Lichts von Luft in Glas zusammen? Eine Messung liefert folgende Messwerte:

α	0°	10°	20°	30°	40°	50°	60°	70°	80°
β	0°	7°	13°	19°	25°	31°	35°	39°	41°

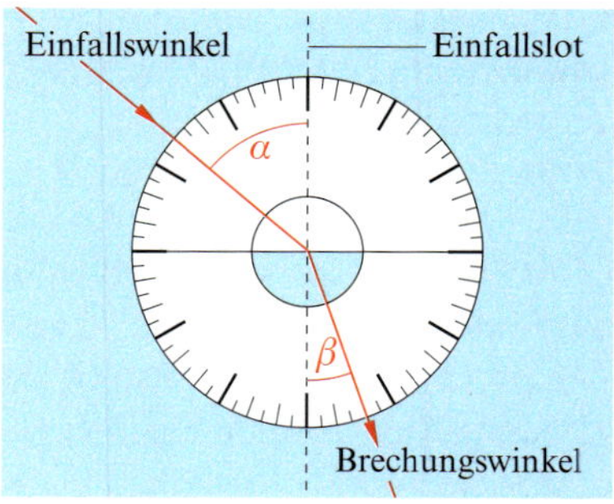

1

Übersichtlicher als die Tabelle ist die grafische Darstellung der Messwerte in einem Diagramm.

1 *Zeichne ein rechtwinkliges Koordinatensystem und lege die Achseneinheiten fest.*
Achte darauf, dass das Diagramm nicht zu klein, aber auch nicht zu groß wird. An die Pfeilspitzen am Ende der Achsen schreibst du die physikalische Größe mit ihrer Einheit.

2 *Trage jedes Messwertpaar als kleines Kreuz (mit Bleistift) in das Diagramm ein.* ↑2

3 *Suche nach einer Regelmäßigkeit oder einem Zusammenhang bei den eingetragenen Messwerten.*
In unserem Beispiel liegen alle Wertepaare auf einer am oberen Ende leicht gekrümmten Linie. Sie heißt Graph der Zuordnung:
Einfallswinkel $\alpha \rightarrow$ Brechungswinkel β. ↑3

4 *Zeichne den Graphen der Zuordnung.*
Der Graph sollte keine Ecken haben. Wir haben die Messwerte für den Einfallswinkel willkürlich gewählt und es gibt keinen Grund, warum gerade an den Messwerten Ecken liegen sollten. Zeichne zuerst eine hauchdünne oder gestrichelte Linie. Wenn sie schön glatt wird, kannst du sie verstärken.

5 *Überprüfe dein Ergebnis.*
Manchmal tanzt ein Messwert „aus der Reihe". Überprüfe, ob du den Wert richtig eingetragen hast. Kannst du hier keinen Fehler finden, liegt wahrscheinlich ein Messfehler vor. Messfehler sind in der Physik etwas Normales. Das Kreuz darf also etwas neben dem Graphen liegen.

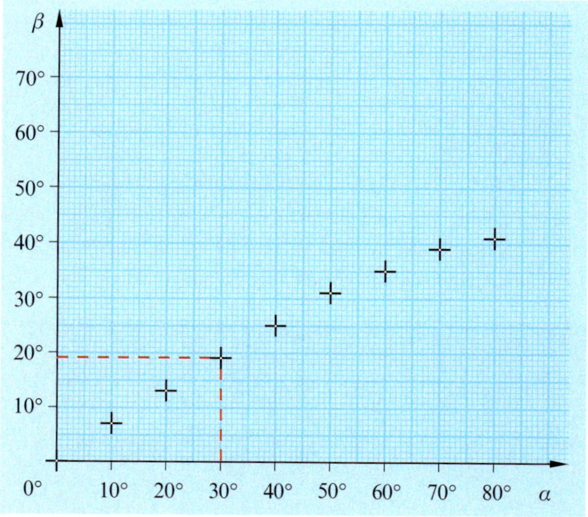

2 Darstellung der Messwertpaare im Diagramm

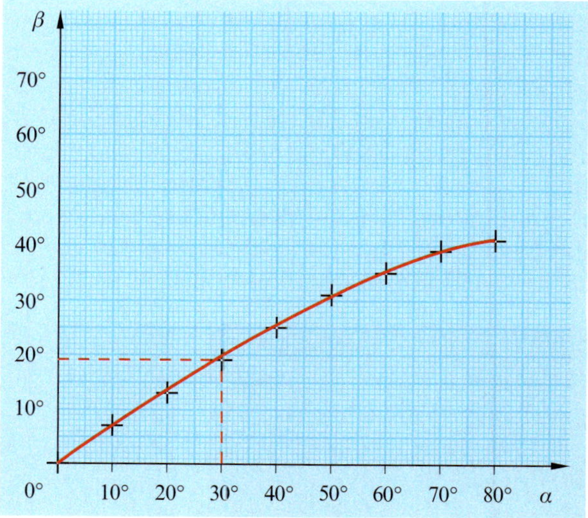

3 Graph der Zuordnung

Eine grafische Auswertung von Messreihen liefert viel mehr Informationen als die Wertetabelle: Viele Einfallswinkel (z. B. 43°) kamen in der Messreihe gar nicht vor. Aber mit dem Diagramm können die zugehörigen Brechungswinkel bestimmt werden.

GRUNDLAGEN: Das Brechungsgesetz

Wie stark ist die scheinbare Anhebung von Dingen, die unter Wasser liegen? Um diese Frage zu beantworten, muss man die Lichtbrechung genauer untersuchen.
Wenn Licht aus der Luft ins Wasser fällt, wird es zum Einfallslot hin gebrochen. Fällt es – umgekehrt – aus dem Wasser in die Luft, dann wird es vom Einfallslot weg gebrochen.
Bei senkrechtem Einfall erfolgt keine Brechung. ↑4
Die Brechung ist umso stärker, je flacher das Licht auf die Grenzfläche zwischen den beiden Stoffen trifft. Außerdem hängt die Stärke der Brechung von den beiden Stoffen ab.
Aus dem Diagramm kannst du den Zusammenhang zwischen Winkel im Stoff und Winkel in Luft ablesen. Die Differenz der beiden Winkel gibt an, wie stark die Brechung ist. ↑8
Der unterschiedliche Verlauf der Graphen im Diagramm zeigt, dass Glas das Licht stärker bricht als Wasser. Bei gleichem Einfallswinkel α ist nämlich der Brechungswinkel β beim Übergang von Luft in Glas kleiner als beim Übergang von Luft in Wasser (damit ist der Knick größer). Vergleicht man α und β für eine Stoffkombination (z. B. Luft und Wasser), so heißt der Stoff, in dem der kleinere Winkel liegt, *optisch dichter*, der andere *optisch dünner*. Wasser ist also optisch dichter als Luft.

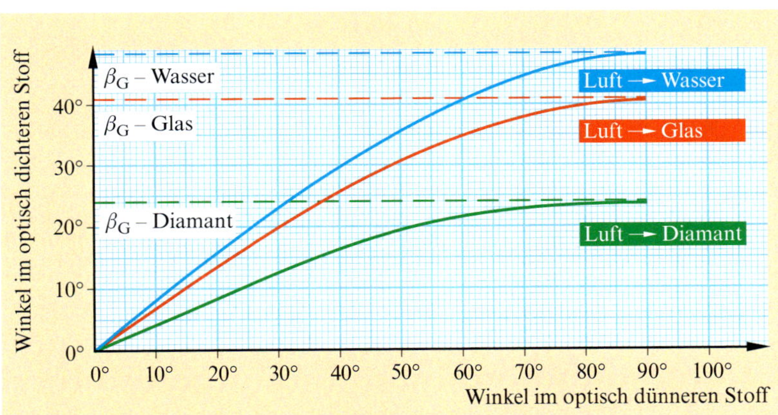

8 Brechung von Licht beim Übergang zwischen zwei Stoffen

Mit diesen Begriffen kann man die Richtung der Brechung gut angeben:

Beim Übergang vom optisch dünneren zum optisch dichteren Stoff wird das Licht immer zum Lot hin gebrochen, beim Übergang vom optisch dichteren zum optisch dünneren Stoff vom Lot weg.

Wir betrachten nun den Fall, dass Licht von einem optisch dünneren in einen optisch dichteren Stoff fällt (z. B. aus Luft in Wasser).
Wenn man den Einfallswinkel vergrößert, fällt das Licht schließlich streifend auf die Grenzfläche, der Einfallswinkel beträgt dann fast 90°. Der Brechungswinkel nähert sich einem Höchstwert, den er nicht überschreiten kann. Dieser Höchstwert für den Brechungswinkel hängt von den aneinander grenzenden Stoffen ab.
Wir bezeichnen ihn als *Grenzwinkel* β_G. ↑7

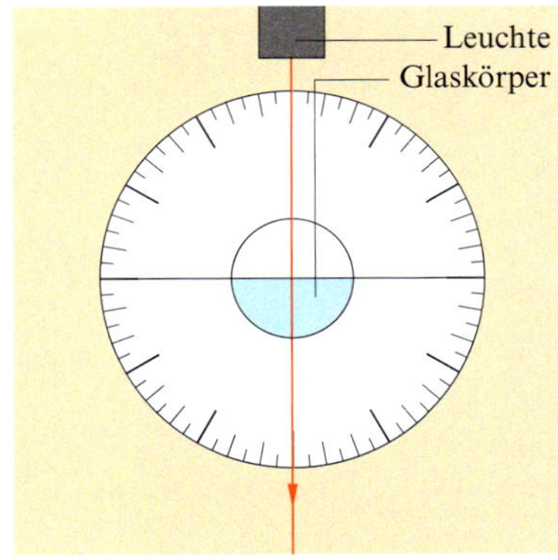

4 Senkrechter Einfall des Lichts

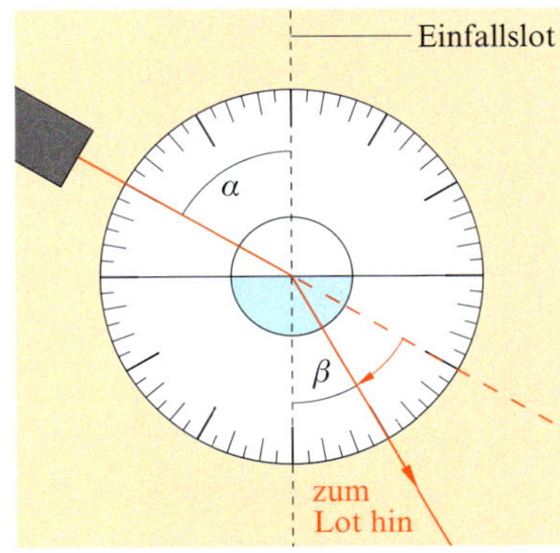

5 Übergang von Luft in Glas/Wasser

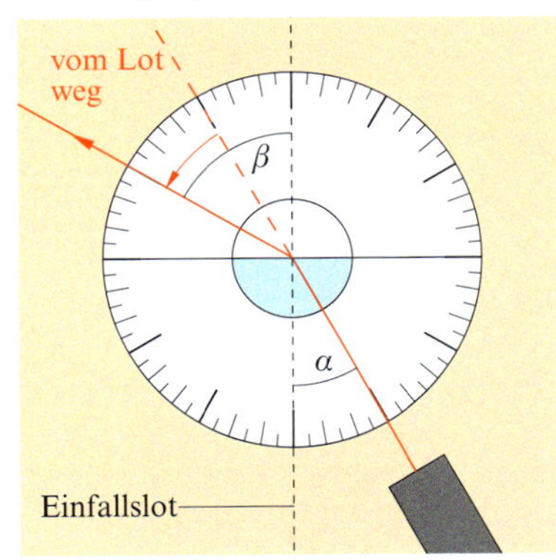

6 Übergang von Glas/ Wasser in Luft

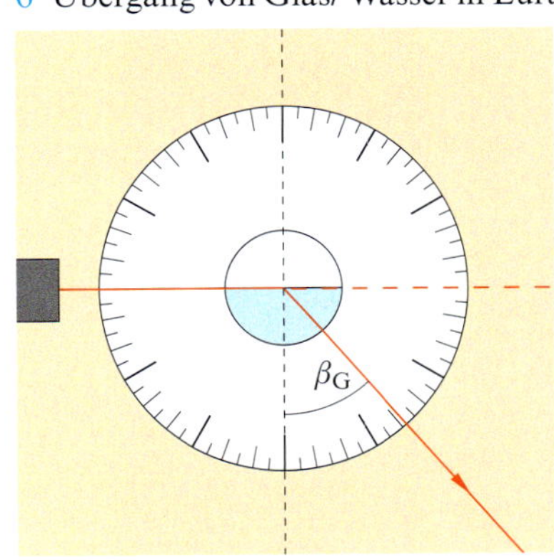

7 Streifender Lichteinfall

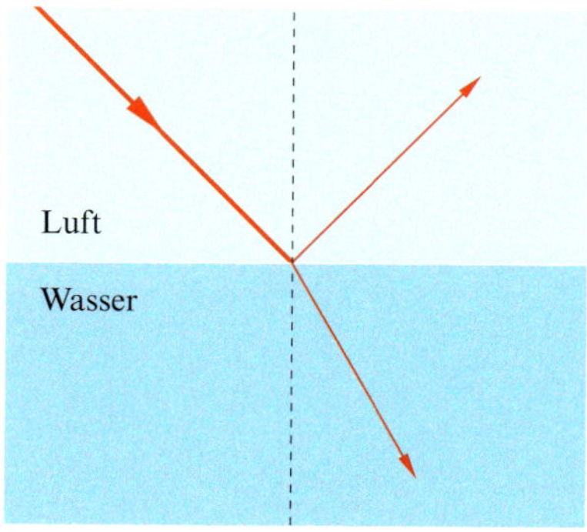

1

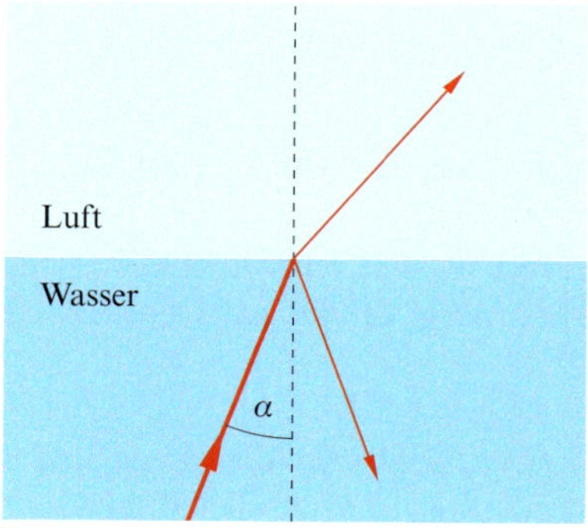

2

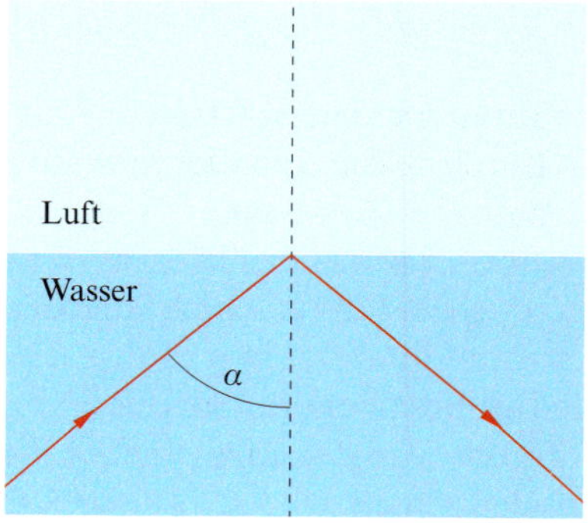

3

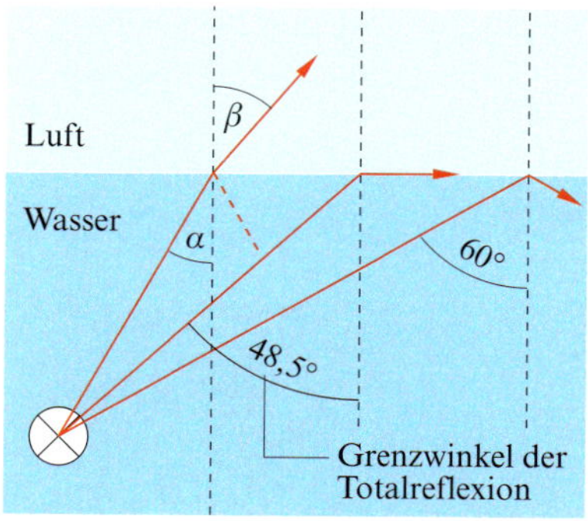

4

Übergang von …	Grenzwinkel α_G
Wasser in Luft	48,5°
Plexiglas in Luft	42,0°
Flintglas in Luft	38,3°
Diamant in Luft	24,6°

GRUNDLAGEN: Totalreflexion

Fällt Licht von oben auf die Wasserfläche, dann wird ein Teil ins Wasser hineingebrochen und ein Teil reflektiert. ↑1
Stößt das Licht von unten gegen die Wasserfläche, geschieht das gleiche: Ein Teil des Lichtes wird reflektiert, der übrige wird vom Lot weg gebrochen. ↑2
Wenn das Licht aber sehr flach gegen die Grenzfläche trifft, kann kein Licht mehr nach außen gelangen. Das gesamte Licht wird reflektiert. Dieser Fall heißt *Totalreflexion.* ↑3

Totalreflexion tritt ein, wenn Licht vom optisch dichteren Stoff aus gegen die Grenzfläche stößt und der Winkel im optisch dichteren Stoff größer als der Grenzwinkel α_G ist. ↑4

Den Grenzwinkel α_G kann man auch aus dem Schaubild ablesen. Fällt das Licht genau im Grenzwinkel ein, dann streift der gebrochene Strahl an der Wasseroberfläche entlang. Der Grenzwinkel ist der Winkel im optisch dichteren Stoff, der zu einem Winkel β von 90° im optisch dünneren Stoff gehört.

Durch Totalreflexion kann eine Wasser- oder Glasfläche wie ein perfekter Spiegel wirken. In Ferngläsern benutzt man Glaskörper (Prismen), um das Licht durch Totalreflexion umzuleiten.

Probier's mal!

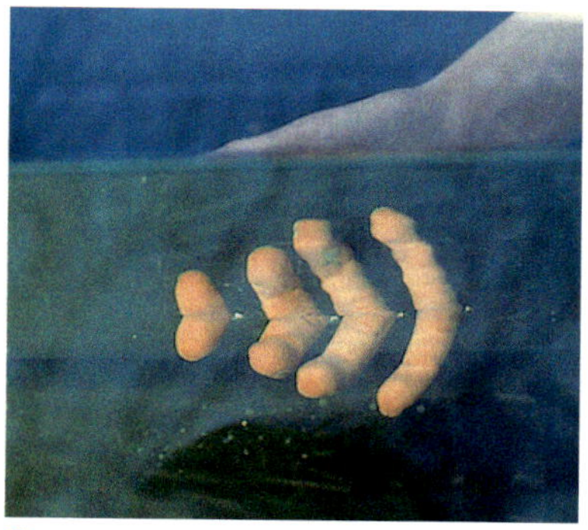
5

1 Der gespiegelte Finger
Fülle ein Glas mit Wasser und halte einen Finger dicht über die Wasseroberfläche.
a Blicke schräg von unten her auf die Wasseroberfläche. Siehst du deinen Finger?
b Tauche nun den Finger in das Wasser. Welche Teile des Fingers siehst du, welche nicht? ↑5

2 Silber im Reagenzglas?
Halte ein leeres Reagenzglas in ein Glas mit Wasser. Betrachte das Reagenzglas schräg durch das Wasser hindurch. Beschreibe.

Experimente

1 Totalreflexion im Glas
In der Experimentieranordnung auf Seite 91, Bild 8, fällt Licht schräg auf eine ebene Grenzfläche zwischen Glas und Luft.
Ab welchem Winkel kann das Licht das Glas nicht mehr durchdringen? Was geschieht stattdessen mit dem Licht?

2 Totalreflexion im Wasser
Lasst mit der dargestellten Anordnung Licht von Wasser in Luft übergehen. ↑6
Richtet das Lichtbündel immer flacher auf die Wasseroberfläche. Dadurch wird der Einfallswinkel vergrößert. Was geschieht? Beschreibt eure Beobachtung.

6

Aus der Technik Nachrichtenübertragung mit Glasfasertechnik

In der Technik macht man sich die Totalreflexion zunutze. Wird Glas zu ganz feinen Fasern gezogen, dann ist es so flexibel wie z. B. Seide oder Wolle. Licht, das in eine Glasfaser fällt, wird in ihr ständig total reflektiert und dadurch weitergeleitet. Das Licht bleibt im Inneren der Faser und folgt jeder Biegung. Solche Glasfasern nennt man *Lichtleiter*. Tausende solcher sehr dünner Glasfasern bündelt man zu Glasfaserkabeln. ↑7 ↑8 ↑9
Glasfaserkabel werden bei der Nachrichtenübertragung für Telefon, Fernsehen und Internet verwendet und lösen die alten Telefonnetze mit Kupferkabeln ab. Um Sprache oder Zeichen durch Lichtleitkabel zu senden, werden sie in elektrische Signale und dann in Lichtblitze umgewandelt. Beim Empfänger werden die Informationen wieder zurückverwandelt. In modernen Glasfasernetzen können bis zu 80 Milliarden Signale pro Sekunde übertragen werden. Bei größeren Entfernungen müssen die Lichtblitze unterwegs mithilfe weiterer Lichtquellen – optischen Verstärkern – erneuert und verstärkt werden werden. Mit einer einzigen Glasfaser lassen sich z. B. Zehntausende von Telefongesprächen störungsfrei gleichzeitig übertragen. Im selben Leitungsnetz kann man auch Computerdateien und ganze Fernseh- und Rundfunkprogramme übertragen.

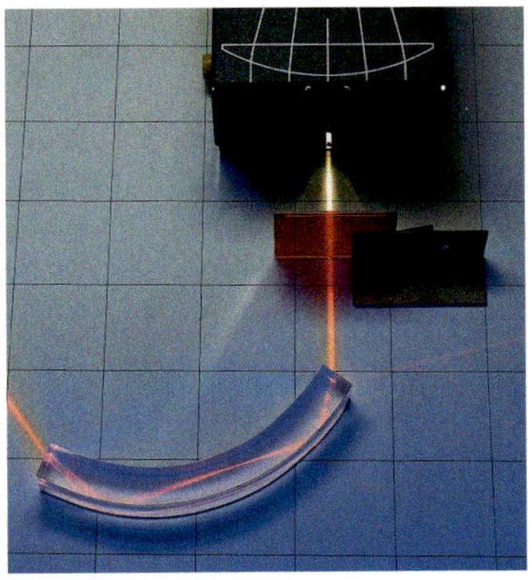
7

9

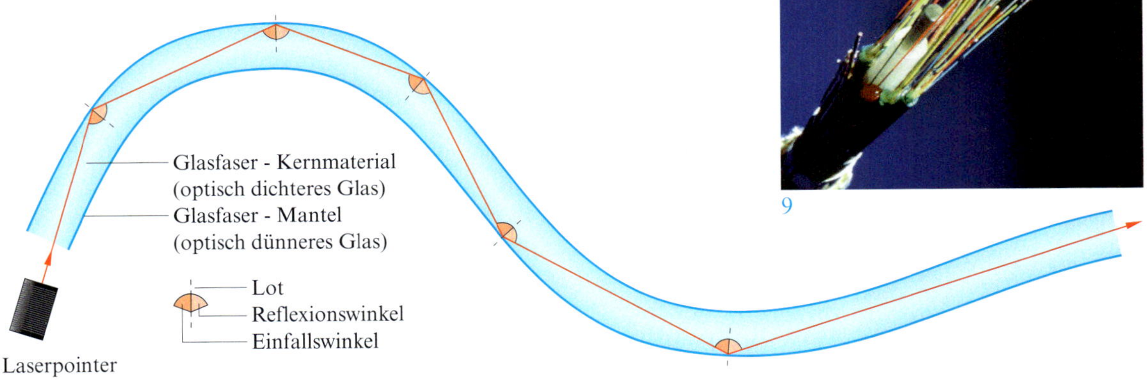

8

Aufgaben

Musteraufgabe: Konstruiere den Weg des Lichts durch das Prisma. Verwende dazu das Brechungsdiagramm auf Seite 95.

Lösung

Schritt 1: Lichtweg zeichnen
Verlängere den Lichtweg bis zur Grenzfläche. Zeichne das Lot auf der Grenzfläche dort ein, wo das Licht auftrifft. Das Lot steht senkrecht auf der Grenzfläche. Miss den Einfallswinkel α zwischen auftreffendem Lichtweg und Lot. ↑1 ↑2 ↑3

Schritt 2: Bestimmen des Brechungswinkels
Suche im Diagramm den Einfallswinkel auf der richtigen Achse. Die Achse muss zu dem Stoff gehören, aus dem das Licht kommt.
Lies im Diagramm den zugehörigen Brechungswinkel β ab. ↑4 ↑5

Schritt 3: Lichtweg vervollständigen
Setze den Lichtweg fort: Lichtweg und Lot müssen im zweiten Stoff den Brechungswinkel einschließen und der Lichtweg muss das Lot kreuzen. Verlängere den Lichtweg, bis er wieder auf eine Grenzfläche stößt, und wiederhole das Verfahren. Achte besonders darauf, den Winkel auf der richtigen Achse zu suchen. ↑6 ↑7 ↑8

Ein Problem tritt auf, wenn der Einfallswinkel im optisch dichteren Stoff größer als der Grenzwinkel β_G ist. Dann wird das Licht nicht gebrochen, sondern reflektiert (siehe Seite 96).

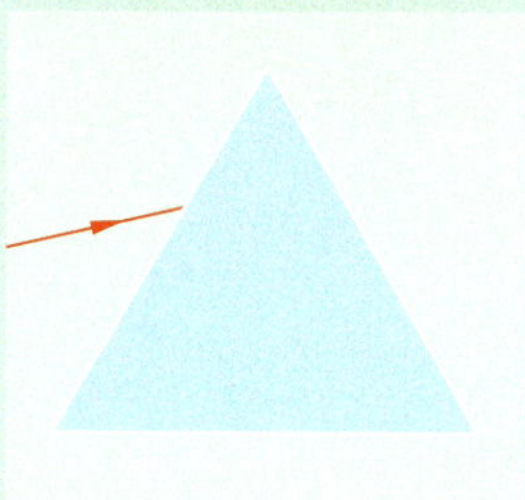
1

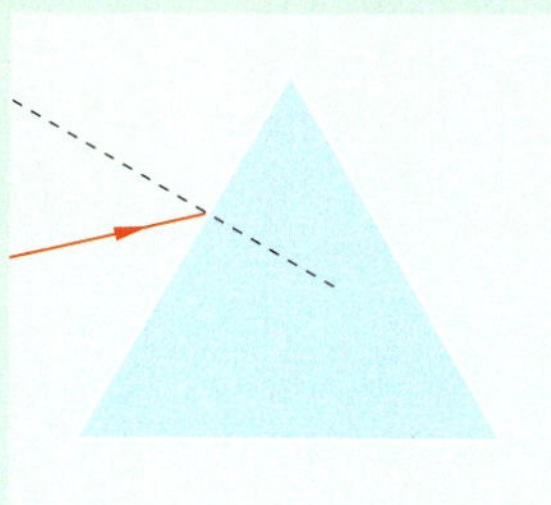
2

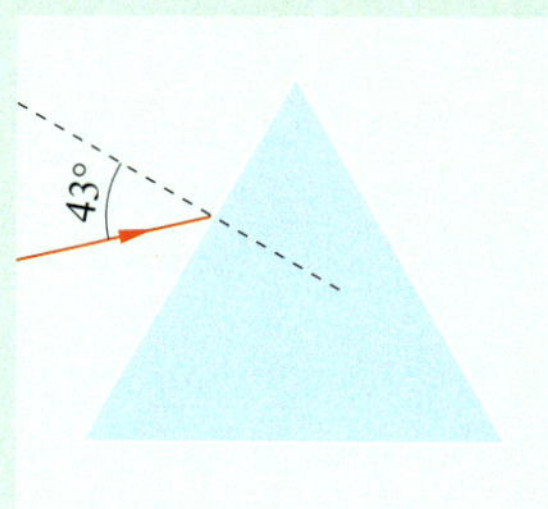

3

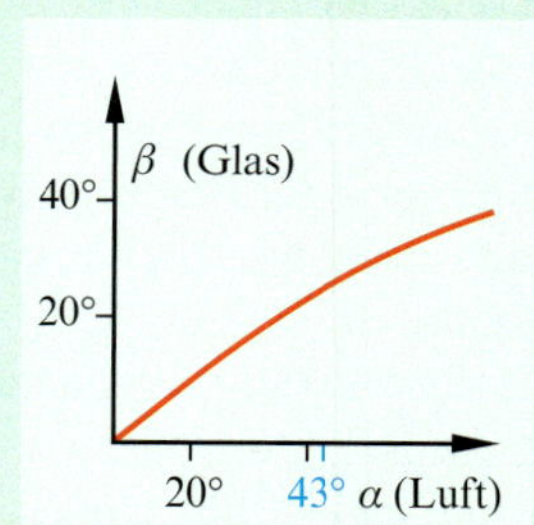

4

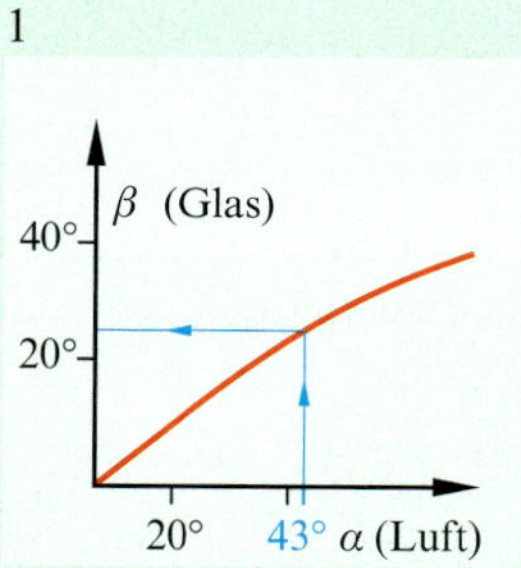

5

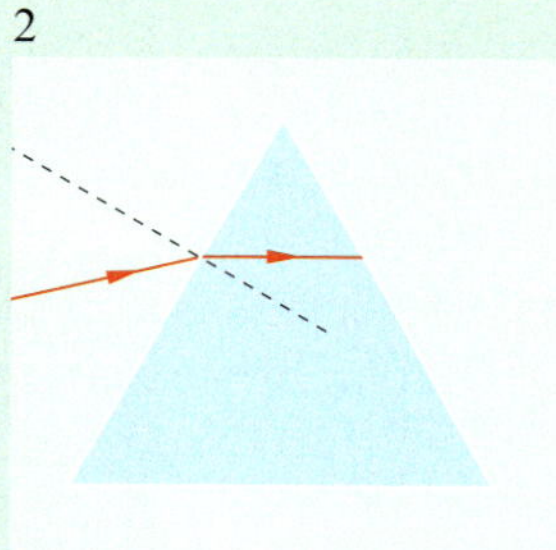
6

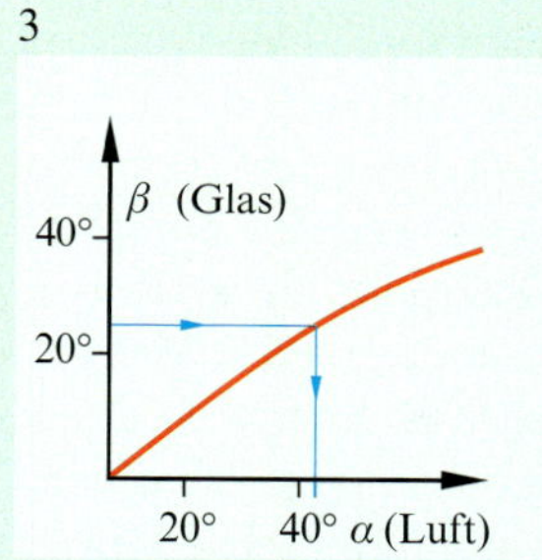

7

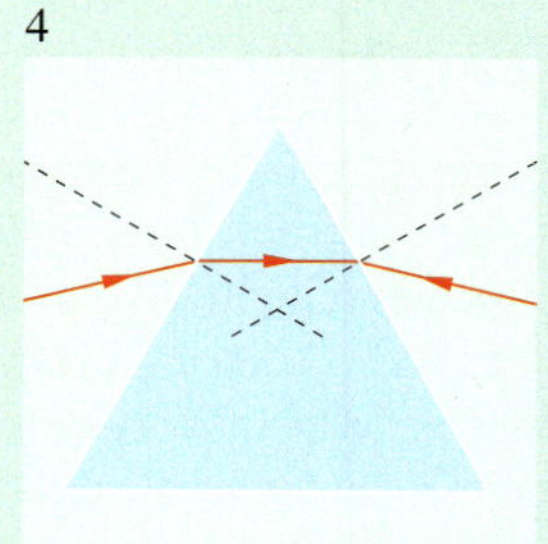
8

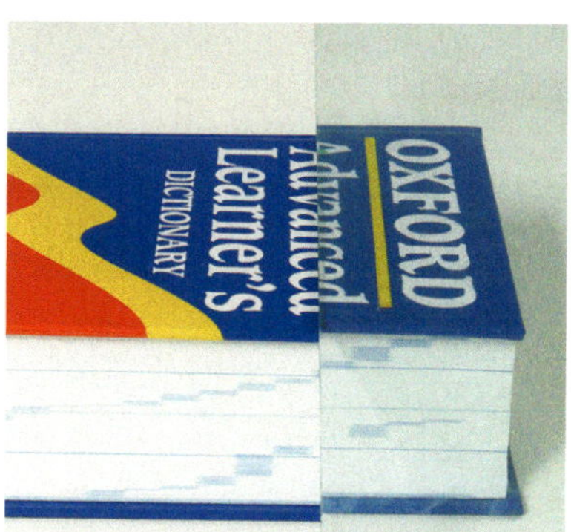

9

1 Durch eine Glasplatte wird schräg einfallendes Licht parallel versetzt.
Erkläre anhand einer Skizze, warum die Schrift im Bild angehoben erscheint. ↑9

2 Spiritus bricht das Licht stärker als Wasser. Überlege dir ein Experiment, mit dem du das zeigen kannst. Beschreibe oder zeichne es.

3 Steht man am Rand eines Schwimmbeckens mit konstanter Wassertiefe, so erscheint die gegenüberliegende Seite flacher. Erkläre diese Beobachtung.

4 Warum ist es gefährlich, in ein Wasserbecken zu springen, von dem man den Grund sieht, die Tiefe aber nicht kennt?

Aufgaben

5 Im Bild trifft Licht auf eine 1 cm dicke Glasplatte. Übertrage die Abbildung in dein Heft und zeichne den weiteren Lichtweg. Berücksichtige dabei die Brechung an beiden Grenzflächen. ↑10

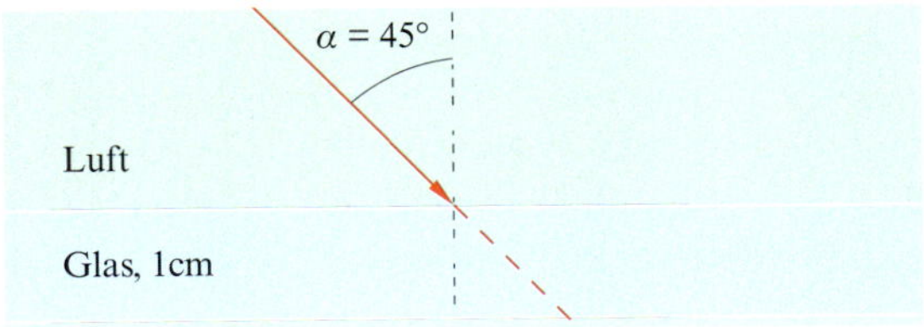

10

6 Bild 11 zeigt ein Prisma aus Glas. Wie verläuft der eingezeichnete Strahl im Prisma und wie nach dem Prisma? Übertrage die Abbildung vergrößert in dein Heft und konstruiere den Lichtweg.

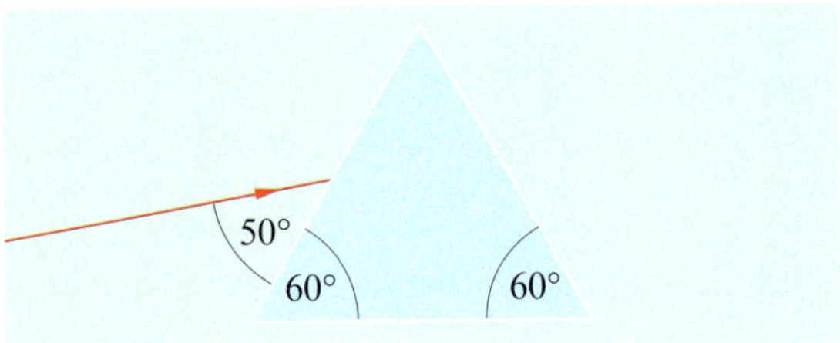

11

7 Wohin muss der Jäger mit seinem Speer zielen? Begründe deine Antwort! ↑12

12

8 Ein Taucher wird beobachtet. Der Beobachter sieht die Lampe des Tauchers. Skizziere in deinem Heft den Weg des Lichts. An welcher Stelle sieht der Beobachter die Lampe? Zeichne. ↑13

13

9 Licht trifft unter einem Einfallswinkel von 35° auf Wasser, Glas bzw. Diamant. Ermittle aus dem Diagramm auf Seite 95 die Brechungswinkel.

10 Schützenfische jagen Insekten, die über dem Wasser auf Blättern sitzen: Sie spucken Wasser auf die Beutetiere. Dank dauernden „Trainings" treffen sie sogar aus 60 cm Entfernung. Welches Problem muss ein Schützenfisch im Training meistern?

11 Der Rücken vieler Fische ist so gefärbt wie der Meeresboden. Ihre Unterseite sieht aus wie ein Spiegel. Welchen Vorteil hat das für die Fische?

12 Warum sieht man den Kopf der Biene durch den gekrümmten Glasfaserleiter hindurch? ↑14

14

13 Wenn man in ein Aquarium blickt, sieht man nur ein virtuelles Bild der Fische. ↑15

a Begründe diese Behauptung.

b Steht man vor der Scheibe eines Aquariums, scheinen alle Gegenstände näher herangerückt. Erläutere.

c Bewegt man den Kopf vor dem Aquarium hin und her, verschiebt sich das virtuelle Bild der Fische. Erkläre mit einer Skizze.

15

GRUNDLAGEN: Warum Sammellinsen das Licht bündeln

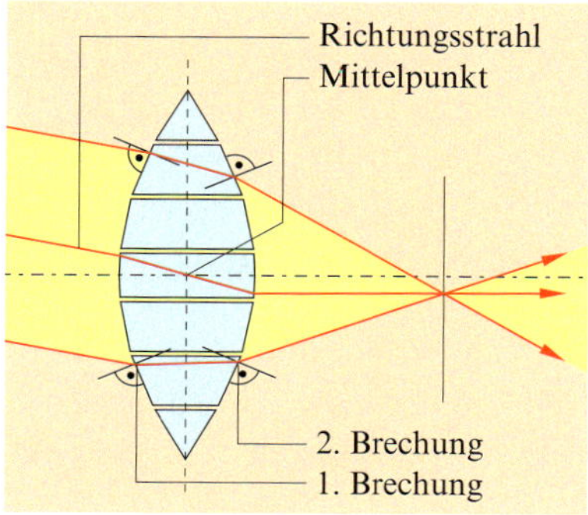

1

Stellt man sich die Sammellinse aus lauter kleinen Glaskörpern zusammengesetzt vor, kann man mit dem Brechungsgesetz den Verlauf für jedes Lichtbündel konstruieren. Jeder Strahl des einfallenden Lichtbündels wird zweimal gebrochen. Die Einfallslote haben aber an jeder Stelle der Linse eine andere Richtung. ↑1

Dadurch wird ein Strahl insgesamt umso stärker aus seiner ursprünglichen Richtung abgelenkt, je weiter entfernt er vom Linsenmittelpunkt verläuft. Der Strahl, der durch die Linsenmitte fällt, ändert insgesamt seine Richtung nicht. Dieser Mittelpunktstrahl wird nur parallel versetzt. Diese geringfügige Versetzung ist bei einfachen, dünnen Linsen kaum zu bemerken.

Aus der Natur Benvenuto Cellini und der Heiligenschein

Benvenuto Cellini war der berühmteste Goldschmied des 17. Jahrhunderts. Aber er war auch ein Abenteurer, streitsüchtig und jähzornig. Immer wieder geriet er in Kerkerhaft. Eines Nachts, als er halb verdurstet im Kerker lag, hatte er einen Traum: Er sah sich selbst als Engel zwischen anderen Engeln zu Füßen Gottes. Als er dann später durch die Fürsprache des Papstes die Freiheit erlangte, sah er etwas, was ihn an diesen Traum erinnerte.

Er schreibt: „Dann muss ich noch eine Sache nicht zurücklassen, die größer ist, als dass sie einem anderen Menschen begegnet wäre, ein Zeichen, dass Gott mich losgesprochen und mir seine Geheimnisse selbst offenbaret hat. Denn seit der Zeit, dass ich jene himmlischen Gegenstände gesehen, ist mir ein Schein ums Haupt geblieben, den jedermann sehen konnte, ob ich ihn gleich nur wenigen gezeigt habe.

Diesen Schein sieht man des Morgens über meinem Schatten, wenn die Sonne aufgeht, und etwa zwei Stunden danach. Am besten sieht man ihn, wenn leichter Tau auf dem Grase liegt."

Diesen himmlischen Heiligenschein kann man auch um den Schatten des eigenen Kopfes sehen, am besten frühmorgens im Herbst auf Wiesen, Raps- oder Kleefeldern. ↑2

Die Ursache dieses Scheins findet sich in den Tautropfen. Jeder Tropfen bricht das Sonnenlicht wie eine kleine Sammellinse, deren Brennpunkt dicht hinter dem Tropfen liegt. So bildet sich auf dem Blatt hinter jedem Tropfen ein winziger heller Fleck. ↑3 ↑4

Die Anordnung aus hellem Fleck und Sammellinse wirkt – wegen der Umkehrbarkeit des Lichtwegs – wie ein kleiner Scheinwerfer, der das Licht in die Gegenrichtung wirft. Blickt man zum Schatten seines Kopfes, so verläuft die Blickrichtung parallel zum Sonnenlicht. Nur die Tautropfen dicht neben dem Schatten des eigenen Kopfes werfen das Licht der Sonne zurück in die Augen und erzeugen so den hellen Schein.

Den Schein um Cellinis Kopf konnte also niemand anderes sehen als er selbst.

2

3

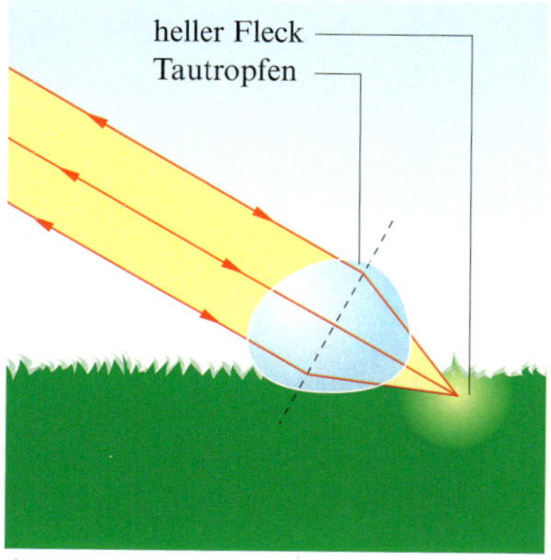

4

GRUNDLAGEN: Die Sammellinse als Lupe – vergrößerte Netzhautbilder

Um einen Gegenstand vergrößert zu sehen, verwendet man eine Sammellinse mit kurzer Brennweite. Hält man diese Linse dicht vor das Auge und den Gegenstand zwischen Brennebene und Linse, sieht man ein vergrößertes aufrechtes Bild.
Dieses Bild kann man zwar sehen, aber nicht auf einem Schirm auffangen. Solche Bilder nennt man *virtuelle Bilder*.
Das Lichtbündel, das vom Gegenstand auf die Linse fällt, kann von der Linse nicht mehr in einem Bildpunkt gebündelt werden. Auf dem Schirm kann man kein Bild mehr auffangen. ↑5
Wenn ein solches Lichtbündel ins Auge fällt, entsteht ein Bildpunkt auf der Netzhaut. Unser Gehirn verlegt den Ausgangspunkt des Lichtbündels in den Punkt, in dem sich die rückwärtig verlängerten Randstrahlen schneiden. Tatsächlich geht von diesem Punkt kein Licht aus. Man sieht ein virtuelles Bild. ↑6

Das virtuelle Bild ist vergrößert und steht aufrecht.

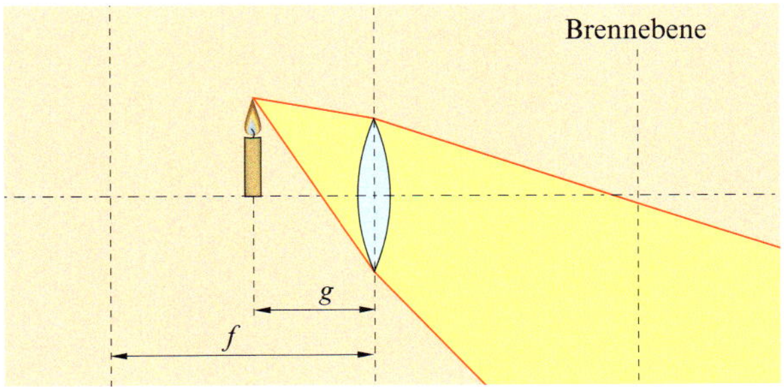

5

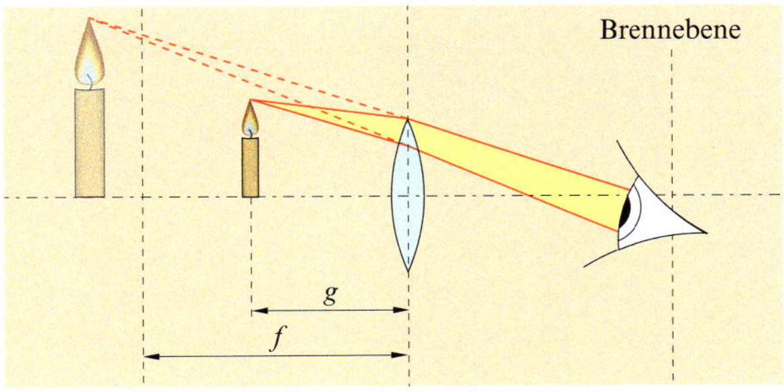

6

Aus der Natur Linsen in der Natur

In jedem dieser kleinen Tautropfen kannst du ein winziges umgedrehtes Bild der Blume erkennen. ↑7
Ist das Bild der Blume wirklich im Inneren der Tautropfen?
Mit einer Glaskugel und einem Stück Transparentpapier kannst du untersuchen, wo das Bild entsteht.
Du wirst sehen: mit und ohne Transparentpapier ist es an der gleichen Stelle. Es schwebt zwischen Kugel und Auge, recht dicht vor der Kugel.

Reelle Bilder sehen wir auch, wenn kein Schirm da ist, der sie auffängt.

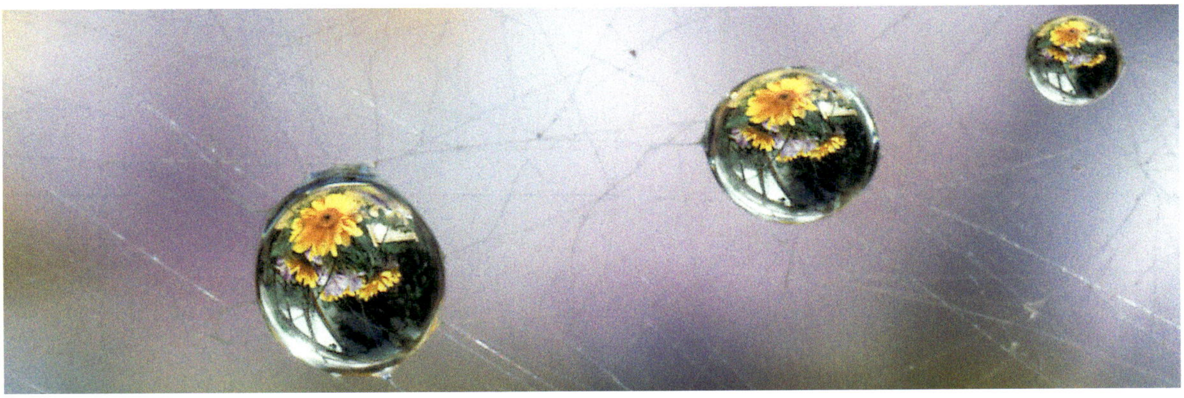
7

Check up

1 Welche Geräte sind Lichtquellen: Kinoleinwand, Planet, Monitor, Glühwürmchen, Straßenschild ?

2 Judith: „Auch in der tiefsten Nacht ist der ganze Himmel voll Licht“. Hat Judith recht? Begründe.

3 Auf dem Mond ist der Himmel schwarz und die Schatten sind viel dunkler als bei uns. Woran liegt das? ↑1

1

4 Warum entstehen in der Lochkamera und im Auge umgekehrte Bilder der Gegenstände? Nutze zur Erklärung eine Skizze.

5 Du siehst auf der Mattscheibe der Lochkamera das kleine Bild eines hellen Fensters. Du möchtest erreichen, dass das Bild doppelt so groß wird. Was kannst du tun? Finde mindestens zwei Möglichkeiten.

6 Durch Linsen kann man die Qualität von Abbildungen verbessern.

a Inwiefern kann eine Linse die Qualität der Lochkamera verbessern?

b Worauf muss man beim Fotografieren mit einer Linsenkamera achten, bei der Lochkamera aber nicht?

c Welchen Einfluss hat die Blende auf das Bild?

7 Zeige an Hand einer Skizze, warum wir Gegenstände hinter dem Spiegel sehen, obwohl sie vor dem Spiegel stehen.

8 Was könnte sich im Inneren des Kastens verbergen? Begründe. ↑2 ↑3

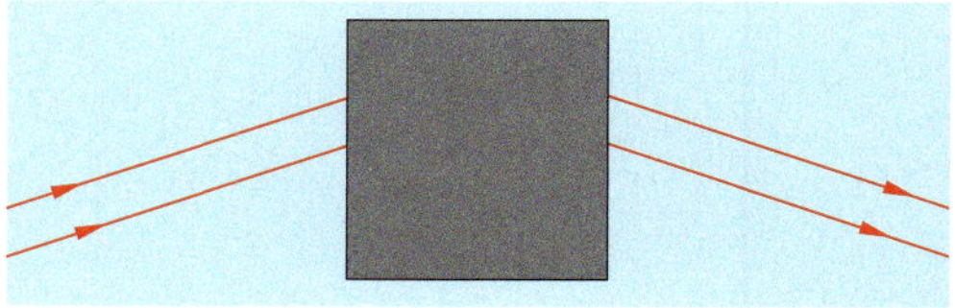

2

3

9 Wie gelingt es, auf dem Fernsehbildschirm viele Tausende verschiedener Farben zu erzeugen?

› Die Lösungen findest du im Anhang

Schätze deine Kenntnisse und Fähigkeiten ein

Ordne dazu deiner Lösung im Heft einen Smiley zu:

☺ Ich konnte die Aufgabe richtig lösen.
😐 Ich konnte die Aufgabe nicht komplett lösen.
☹ Ich konnte die Aufgabe nicht lösen.

Aufgabe	Fähigkeit	Hilfe findest du auf Seite ...
1	Lichtquellen und beleuchtete Körper erkennen.	44, 45
2, 3	Die Lichtausbreitung beschreiben und Schattenentstehung erklären.	45, 50
4, 5, 6	Die Bildentstehung an der Lochkamera und mit Linsen beschreiben und erklären.	58, 62
7, 8	Das Reflexions- und das Brechungsgesetz anwenden.	85, 95
9	Die Farbentstehung erklären.	116, 117

Energie

Das Auto ist zum Symbol der Freiheit
für die Menschen unserer Zeit geworden. Mithilfe der im Treibstoff
enthaltenen Energie kann er sich mit hoher Geschwindigkeit
über große Entfernungen fortbewegen.
Das wäre vor 150 Jahren noch nicht denkbar gewesen.
Damals begannen die Physiker erst zu begreifen,
dass Energie im bewegten Flusswasser,
im Sonnenschein, in Kohle,
Holz und Öl, sowie im eigenen Arbeitsvermögen
enthalten ist und als eine Art
universeller Treibstoff angesehen werden kann.
Seitdem hat es eine enorme Entwicklung
der wissenschaftlichen Technik gegeben,
von der wir heute vollkommen abhängig sind.

Energie bestimmt unseren Alltag

In Tageszeitungen, Zeitschriften und Reklamebroschüren findet man immer wieder Texte, die das Wort Energie in ganz unterschiedlichen Zusammenhängen benutzen. Energie wird „auf Rapsfeldern geerntet“. Kohle und Erdöl werden als gespeicherte Sonnenenergie beschrieben. Dem Energiebegriff begegnen wir in Wirtschaft und Technik, in den Naturwissenschaften und in manch anderen Bereichen.

1

Einen Überblick über die verschiedenen Zusammenhänge, in denen Energie vorkommt, erhält man mit einer **Mind-Map**. Das ist eine Zusammenstellung von Begriffen, die mit Energie zu tun haben. Diese Begriffe werden unter verschiedenen *Leitbegriffen* zusammengefasst. ↑2
Der Energiebegriff ist längst zu einem Alltagswort geworden. In allen Lebenslagen wird Energie benötigt. Sie übernimmt wichtige Hilfsfunktionen für den Menschen. Was physikalisch hinter der Energie steckt, wollen wir im Folgenden herausfinden.

Schon gewusst?

Als in der zweiten Hälfte des 19. Jahrhunderts die Energie „entdeckt“wurde, hatte man noch kein Wort dafür und sah sie als eine Art Kraft an. Zwischen den physikalischen Größen Kraft und Energie besteht ein großer Unterschied. Trotzdem wird immer noch über Kraftwerke geschrieben, wenn eigentlich elektrische „Energiewerke“ gemeint sind.

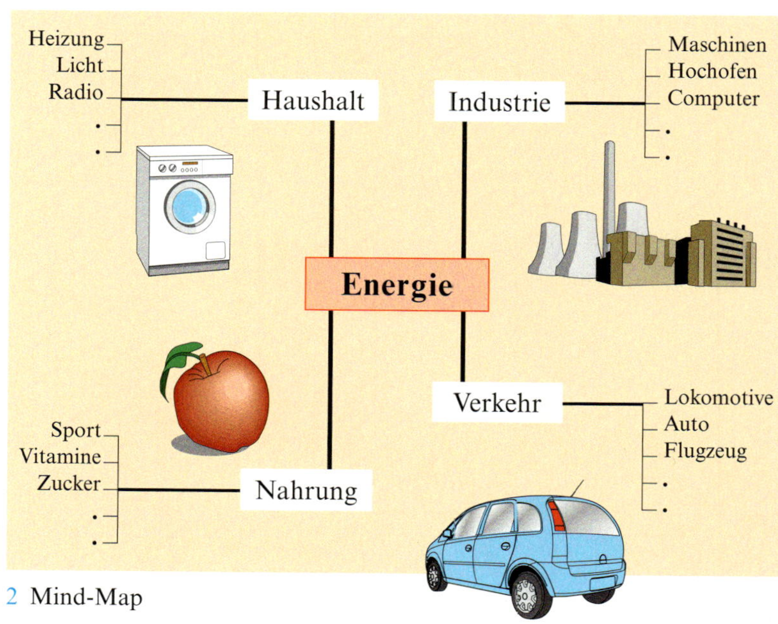

2 Mind-Map

Aufgaben

1 Die Mind-Map zu „In welchen Lebensbereichen kommt Energie vor?“ ist unvollständig. ↑2

a Suche nach weiteren passenden Begriffen. Übertrage die Mind-Map und ergänze sie.

b Andere Fragen führen zu anderen Mind-Maps. Notiere solche Fragen.

c Stelle eine passende Mind-Map zusammen.

Experimente

In den folgenden Experimenten sollt ihr untersuchen, wie Energie Bewegungen hervorrufen kann. Dazu bildet ihr in der Klasse mehrere Gruppen. Jede Gruppe bereitet ein Experiment vor und führt es dann den anderen vor. Dabei soll möglichst jeder verstehen, woher die Energie kommt und wie die Bewegung entsteht. Zur Auswahl stehen:

1 Die Brausetablettenrakete

Du brauchst: 1 Filmdose, Wasser, 1 Brausetablette, Papier, Schere

Das ist zu tun: Fertige aus Papier eine Raketenspitze und klebe sie auf die Filmdose. Dann füllst du die Filmdose zu einem Viertel mit Wasser, gibst ein Bruchstück der Brausetablette hinein, verschließt die Dose und setzt sie schnell mit dem Deckel nach unten auf einen ebenen Startplatz. Vorsicht, es kann etwas kleckern. Der Startplatz sollte also geräumt und „wasserfest“ sein. ↑3

Finde heraus: Was passiert in der Rakete, nachdem der „Treibstoff“ ins Wasser getan und der Deckel verschlossen wurde? Warum muss man etwas warten, bis die Rakete startet? Warum steigt sie in die Höhe?

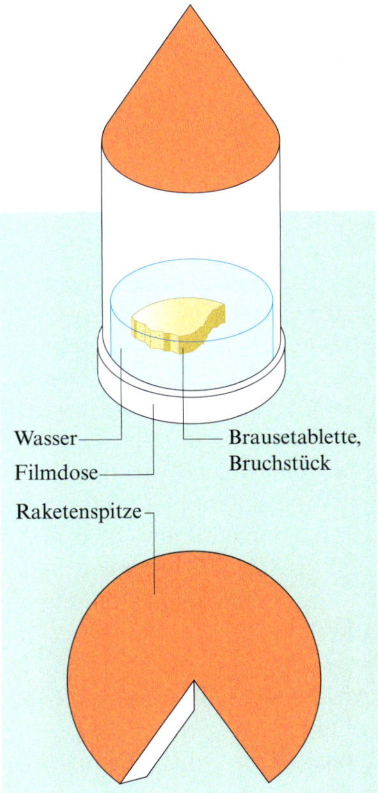

3

2 Der Gummibandmotor

Du brauchst: 1 Garnrolle, Bleistift, Nagel, ringförmiges Gummiband, Scheibe einer Kerze.

Das ist zu tun: Bild 4 zeigt den Aufbau. Durch die Schlaufe des Gummis wird der Nagel und am anderen Ende der Bleistift gesteckt. Sie müssen straff sitzen. Halte den Nagel fest und verdrille mit dem Bleistift das Gummiband, bis es fest an der Kerzenscheibe anliegt. Setze den Gummibandmotor auf den Tisch.

Finde heraus: Warum bewegt sich das Gummibandfahrzeug? Wie lange bleibt es in Bewegung? Warum musst du zu Beginn den Bleistift so oft drehen? Wie kann man das Fahrzeug erneut in Bewegung setzen? Welche Funktion hat die Kerzenscheibe? Was passiert, wenn du das Fahrzeug ohne Kerzenscheibe betreibst?

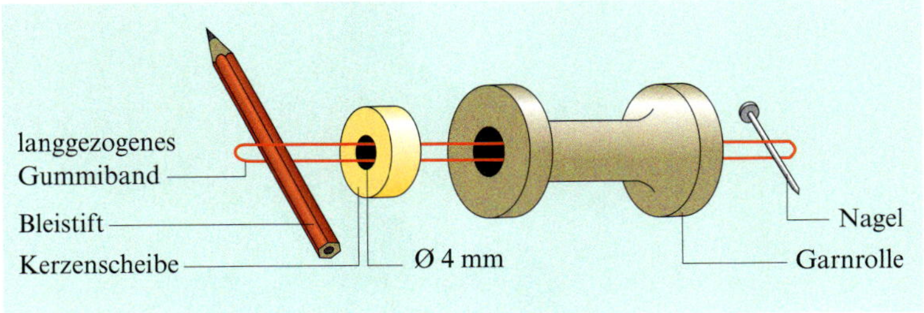

4

Experimente

3 Die Solarzelle

Du brauchst: 1 Solarzelle, 1 helle Taschenlampe, 2 Kabel, Motor mit Propeller.

Das ist zu tun: Verbinde die Solarzelle und den Propellermotor mit den beiden Kabeln. Leuchte die Solarzelle mit der Taschenlampe an. ↑1

Finde heraus: Warum dreht sich der Propellermotor? Welche Funktion erfüllt die Solarzelle?

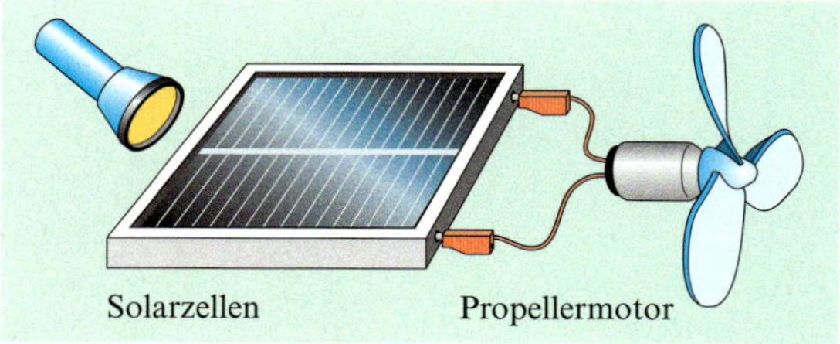

1

4 Das Windrad

Du brauchst: 2 DIN-A6-Karteikarten, 4 Heftzwecken, 1 Holzstab (60 cm lang, 2 cm dick), 1 flache Holzleiste (40 cm lang, 1 cm breit und 0,5 cm stark), 1 Pappnagel.

Das ist zu tun: Bild 2 zeigt den Aufbau. Die Leiste muss sich leicht drehen lassen. Halte das Windrad waagerecht und stoße es kräftig nach vorn. Ziehe es dann wieder schnell zurück.

Finde heraus: Warum dreht sich das Windrad? Warum dreht es sich immer in dieselbe Richtung? Was musst du tun, damit sich das Windrad in die umgekehrte Richtung dreht? Wie kannst du das Rad auch noch in Drehung versetzen?

5 Der Looping

Du brauchst: Fahrbahn, Modellauto mit Federantrieb.

Das ist zu tun: Baue ein Bahnstück mit Loopingstrecke so auf, dass das aufgezogene Auto einen Looping machen kann. ↑3

Finde heraus: Was musst du tun, damit ein Looping gelingt?

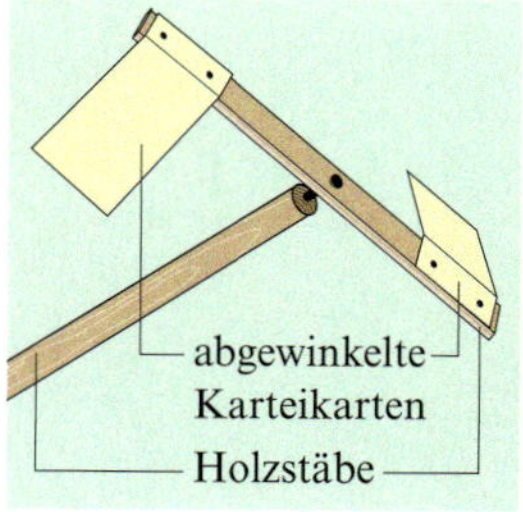

2

3

6 Tanzende Reiskörner

Du brauchst: 2 Trichter, 1 m Schlauch, Reiskörner, Luftballon, Schere.

Das ist zu tun: Auf beide Schlauchenden wird ein Trichter gesteckt. Der Luftballon wird etwa in der Hälfte durchgeschnitten. Die obere Hälfte wird über einen Trichter als Membran gespannt. Auf die Membran werden Reiskörner gelegt. Sprich in den anderen Trichter hinein. Nicht pusten! Halte den Trichter auch vor einen Lautsprecher. Beobachte die Reiskörner. ↑4

Finde heraus: Warum bewegen sich die Reiskörner? Wodurch wird die Bewegung der Reiskörner hervorgerufen?

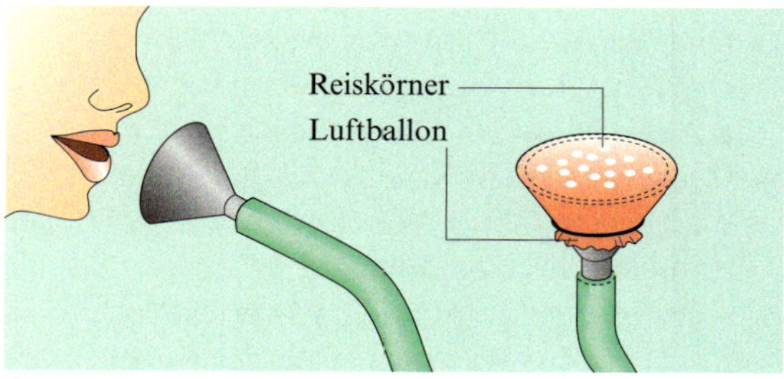

4

7 Das Raketenfahrzeug

Du brauchst: 1 Luftballon, 1 Filzstiftkappe, 1 Nagel, Faden, fahrbaren Untersatz.

Das ist zu tun: Bild 5 zeigt den Aufbau. Die Tülle des Ballons schiebst du fest über eine Filzstiftkappe, in die du vorher mit einem glühenden Nagel ein kleines Loch gebrannt hast. Wenn du den Luftstrom freigibst, fährt das Fahrzeug los.

Finde heraus: Wie lange hat dein Fahrzeug Energie? Warum fährt das Fahrzeug entgegengesetzt zur Ausströmrichtung?

5

GRUNDLAGEN: Energie ist zu vielem zu gebrauchen

6

7

8

In den Bildern 6 bis 8 sind Situationen dargestellt, in denen sich Gegenstände bewegen. Um die Gegenstände in Bewegung zu bringen oder in Bewegung zu halten wird Energie benötigt. Dabei spielt es zunächst keine Rolle, woher diese Energie kommt: Sie kann beim Verbrennen von Benzin oder einer Kerze freigesetzt werden, aus Batterien stammen, in bewegter Luft oder in Muskeln stecken. Ein Gegenstand, der sich bewegt, kann andere Gegenstände in Bewegung versetzen. Aber auch durch ruhende Objekte können Bewegungen hervorgerufen werden. Eine Batterie ist dazu ebenso geeignet wie ein gespanntes Gummiband oder eine leuchtende Lampe.
Alle Gegenstände, die etwas bewegen können, besitzen Energie. Auch, wenn sie etwas erwärmen, schmelzen, zum Leuchten, Klingen oder Tönen bringen oder etwas hochheben, haben sie Energie.

Gegenstände, die etwas bewegen, erwärmen, schmelzen, verdampfen, hochheben können, zum Leuchten oder Tönen bringen, besitzen Energie.

In den meisten Fällen erkennt man, ob Gegenstände Energie besitzen, z. B. an der Geschwindigkeit eines Körpers, an seiner Höhe über dem Erdboden oder an seiner Temperatur. Aus Erfahrung weiß man, dass eine Kerze oder ein Tank voll Benzin über Energie verfügen. Vereinfachend sagt man, die Energie steckt im Benzin oder in der Kerze. Genau genommen wird die Energie nur dann frei, wenn es zu einer Verbrennung des Benzins oder der Kerze im Sauerstoff der Luft kommt. Die Sprechweise liegt nahe, weil das Benzin mühselig beschafft werden muss, der Sauerstoff auf der Erde aber überall vorhanden ist.

Schon gewusst?

Einen Gegenstand, der Energie besitzt, nennt man auch System. Ein System besteht meist aus mehreren Gegenständen oder die Gegenstände haben besondere Eigenschaften: Zum Beispiel besitzt ein Benzin-Luftgemisch Energie, nicht aber Benzin oder Luft allein. Und eine Heizung kann nur dann Energie abgeben, wenn ihre Temperatur höher ist, als die Zimmertemperatur.

Aufgaben

1 Zum Bogenschießen wird Energie benötigt. ↑9
a Woran kann man erkennen, dass der Bogen Energie besitzt?
b Woher erhält der Bogen seine Energie?
2 Treppensteigen strengt an. Wofür braucht man hier Energie? Woher kommt die benötigte Energie?
3 Suche Beispiele, an denen man erkennt, dass sich bewegende, elastisch verformte, erwärmte oder leuchtende Gegenstände Energie besitzen.

9

Energiearten und Energieumwandlung

1

Beim Putzen des Fahrrads überprüfst du auch noch, ob das Licht in Ordnung ist. Du kuppelst den Dynamo ein und versetzt mit einer kräftigen Handbewegung das Vorderrad in Drehung. Das Rad wird schnell langsamer und bleibt dann stehen. Auch das Licht brennt nur kurz.

2

Aber das ist nicht verwunderlich. Denn das Vorderrad verliert Energie, während der vorher ruhende und jetzt drehende Dynamo Energie aufnimmt.
Auch der Dynamo behält seine Energie nicht. Er reicht sie sofort an die Glühlampe weiter und zwar durch elektrische Leitungen. Die Lampe strahlt Licht aus und gibt dadurch Energie ab. ↑2
Das Energieflussdiagramm zeigt, wie die vom drehenden Rad abgegebene Energie zur Lampe fließt und von dort als Licht und Wärme an die Umgebung abgegeben wird. ↑3
Energie kann sich also auf ganz unterschiedliche Weise bemerkbar machen. Sie kann in verschiedenen Energiearten umgewandelt werden. Welche Energiearten gibt es und welche Umwandlungen treten auf?

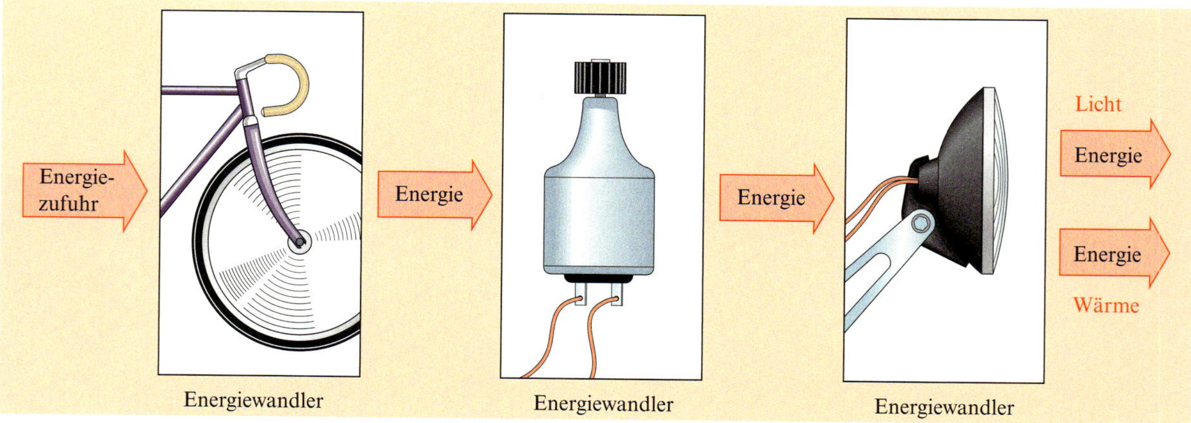

3 Energieflussdiagramm beim Fahrrad

Probier's mal!

1 Energie aus der Dose
Mit diesem Experiment kannst du deine Freunde in Erstaunen versetzen. Eine Dose wird auf den Tisch gelegt und beginnt von allein zu rollen. Du kannst die Dose selbst herstellen. ↑4

a Welche Energiearten kannst du an der rollenden Dose beobachten?

b Welche Energiearten treten dabei auf?

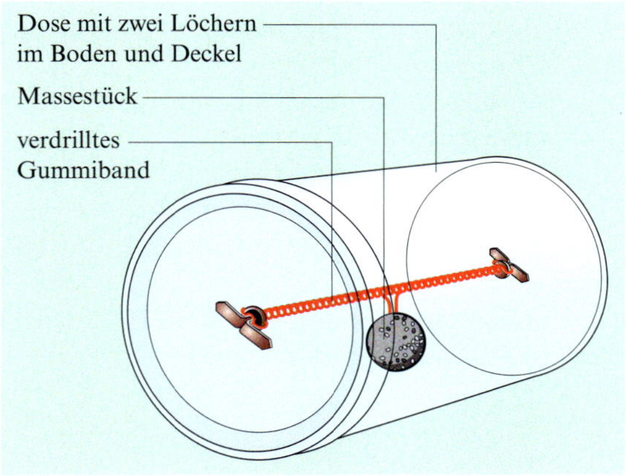

4

2 Energie der Kerzenflamme
Nähere eine Hand vorsichtig von oben einer Kerzenflamme. Wie nah kommst du an die Flamme heran, ohne dass es wehtut? Nähere anschließend deine Hand der Flamme von der Seite.

a Welchen Unterschied beobachtest du? Wie kommt er zustande?

b Welche Energieumwandlungen stellst du fest?

c Welche Energiearten kannst du unterscheiden?

3 Licht und Töne
Löse das Blitzlicht eines Fotoapparats dicht vor einem Gong oder vor einer an einer Schnur aufgehängten Bratpfanne aus. ↑5

a Beschreibe deine Beobachtungen.

b Was passiert hier physikalisch? Erkläre deine Beobachtungen und wende dabei deine Kenntnisse über Energie an.

5

4 Ein einfacher Verstärker
Schlage eine Stimmgabel an und halte sie frei in den Raum. Schlage die Stimmgabel erneut an und halte sie auf einen Gitarrenkörper. Beschreibe deine Beobachtungen. Welche Energieumwandlungen finden statt?

5 Wurmenergie
Der „Papierwurm" hängt an einem Faden. Er bewegt sich, wenn man den Faden hochzieht und dann langsam wieder absenkt. ↑6

a Woher kommt die Antriebsenergie?

b Beschreibe die Energieumwandlungen.

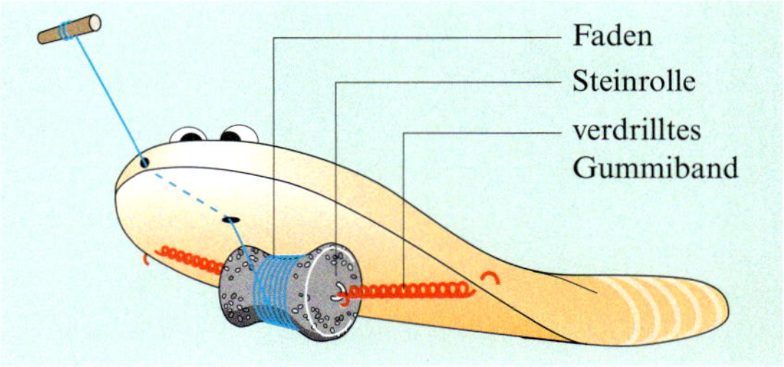

6

6 Energie aus dem Luftballon
Puste einen Luftballon auf und lass ihn dann fliegen. Beobachte und beschreibe den Vorgang. Was hat er mit Energie zu tun?

7 Durch Reibung entsteht Wärme
Reibe mit der Hand über ein Stück Styropor. Was spürst du? Um welche Energieumwandlung handelt es sich?

8 Flummi und Sprungscheibe im Wettbewerb
Die Sprungscheibe wird umgestülpt. Dann lässt du Flummi und Sprungscheibe aus einer Höhe von etwa 50 cm auf eine feste Unterlage fallen. ↑7

a Welchen Ausgang erwartest du?

b Begründe den Ausgang des Wettbewerbs mithilfe des Energiebegriffs.

c Welche Energieumwandlungen finden hier statt?

7

GRUNDLAGEN: Energie kommt in verschiedenen Verkleidungen vor

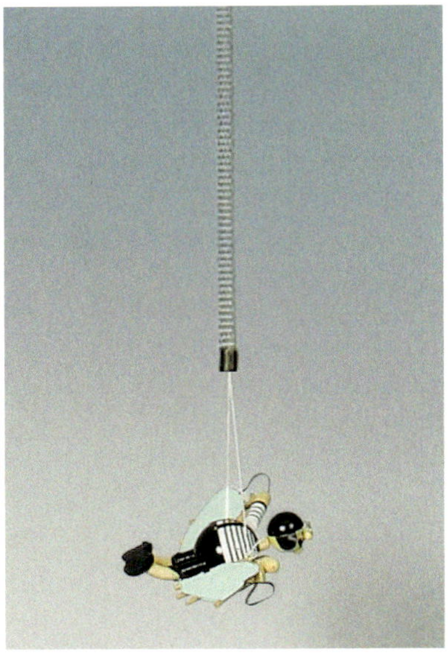

1 Feder-Spielzeug

Beim Übergang von einem Gegenstand zum anderen ändert Energie meistens ihre „Verkleidung". Man spricht in der Physik von verschiedenen Energiearten.
Körper, die sich bewegen, besitzen **Bewegungsenergie**. Das Wasser in einem hoch gelegenen Staubecken besitzt **Höhenenergie**. Zieht man eine elastische Feder oder ein Gummiband auseinander, müssen die Muskeln Energie aufwenden. Sie zeigt sich anschließend als **elastische Energie** des verformten Gegenstands. Sendet ein Gegenstand Töne aus, wird **Schallenergie** abgegeben. ↑1
Bewegungsenergie, Höhenenergie, elastische Energie und Schallenergie fasst man als **mechanische Energie** zusammen.
Ist die Temperatur eines Gegenstands höher als die Temperatur der Umgebung, kann er **thermische Energie** abgeben.
Chemische Energie kommt in chemischen und biologischen Vorgängen zum Vorschein. Muskeln nutzen ebenso chemische Energie wie eine Taschenlampenbatterie. Licht, Röntgen- oder radioaktive Strahlung besitzen **Strahlungsenergie**.
In Stromkreisen wird **elektrische Energie** übertragen. Kernenergie kann durch die Spaltung von Atomkernen gewonnen werden.

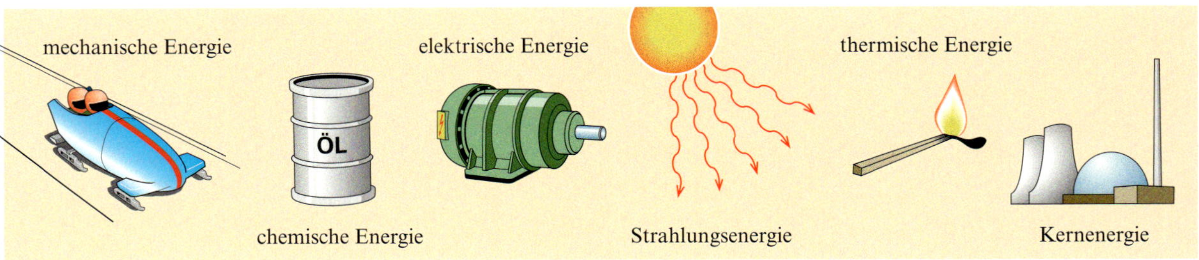

2 Energieformen

Aufgaben

3

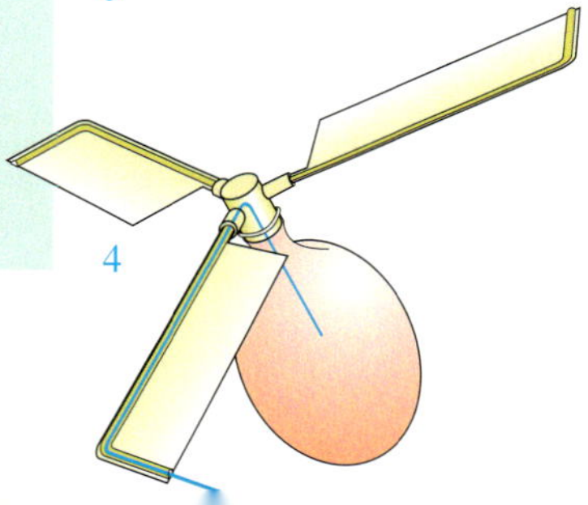

4

1 An einer Weihnachtspyramide wird die chemische Energie der Kerzen genutzt. Wie gelangt die Energie zu den Flügeln der Pyramide? Welche Energiearten treten hier auf?

2 Beim Fahrradfahren geben deine Beinmuskeln Energie an das Fahrrad ab. Dieser „Verlust" muss ersetzt werden. Woher kommt die Energie, die deine Muskeln aufnehmen?

3 Beim Springfrosch wird die Feder zusammengedrückt und der Saugnapf auf der Standplatte befestigt. ↑3
Welche Energiearten kannst du beim Vorbereiten, beim Springen, beim Fallen und beim Auftreffen auf den Tisch beobachten?

4 Der Spielzeughubschrauber wird durch einen aufgeblasenen Luftballon angetrieben. ↑4

a Beschreibe, wie der Hubschrauber funktioniert.

b Woher kommt die Energie, die die Flügel in Bewegung hält?

c Woran kann man erkennen, dass für den Antrieb immer weniger Energie zur Verfügung steht?

GRUNDLAGEN: Energie wird umgewandelt

Wenn du Rad fährst, hast du Bewegungsenergie. Für eine beleuchtete Wohnung sorgt die Strahlungsenergie der Lampe. Mit der thermischen Energie des Heizkörpers wird das Zimmer erwärmt.
Man muss aber nicht immer die benötigte Energieform herantransportieren. Für die Fortbewegung wird die chemische Energie der Nahrungsmittel in den Muskeln in Bewegungsenergie umgewandelt. Zum Heizen verbrennt man Öl oder Gas. Dabei wird chemische Energie in thermische Energie umgewandelt. Licht entsteht, wenn elektrische Energie in Strahlungsenergie umgewandelt wird.

Für die Umwandlung von Energie benötigt man Energiewandler. Zur Umwandlung von elektrischer Energie in Strahlungsenergie genügt der sehr dünne Draht in der Glühlampe. Für die Umwandlung von mechanischer Energie in elektrische Energie benötigt man eine komplizierte Vorrichtung, den Generator.
Alle Beispiele zeigen, dass die Energie immer von einem System zum anderen übertragen wird. Sie kann also nicht aus dem Nichts entstehen.

Jede Energieart lässt sich von einer Art in jede andere Art umwandeln. Energie kann nicht erzeugt werden.

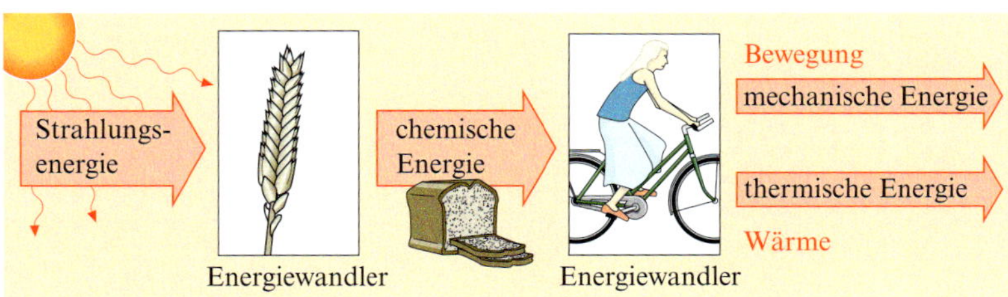

7 Beispiel für Energieumwandlungen

5

6

8

Aus der Geschichte Auf der Suche nach Energiequellen

Maschinen, wie wir sie heute kennen, gab es in der Antike noch nicht. Man war auf Muskelkraft angewiesen, wenn Getreide gemahlen, Lasten transportiert oder Felder bewässert werden sollten. „Energiequellen" waren oft *Sklaven* oder *Tiere*. Um 200 v. Chr. entdeckte man das *fließende Wasser* als Energiequelle. Doch Wasserräder wurden erst im Mittelalter häufiger eingesetzt. Sie dienten als Antrieb in Sägewerken und Mühlen. Die Energie des fließenden Wassers stammt von der *Sonne*, denn sie hält den Wasserkreislauf in Gang.
Immer wieder begaben sich Tüftler auf die Suche nach unerschöpflichen Energiequellen: *Es sollte doch möglich sein,* überlegten sie, *die von einer Maschine abgegebene Energie erneut zu nutzen, um dieselbe Maschine weiter anzutreiben.* Seit dem 12. Jahrhundert haben Menschen immer wieder versucht, solche Maschinen zu bauen. Diese Maschinen sollten von selber weiterlaufen und dabei fortwährend Arbeit verrichten. So ein **Perpetuum mobile** (lat. *perpetuum:* dauernd; *mobilis:* beweglich) hat jedoch niemals funktioniert. ↑9

9 Perpetuum mobile

Experimente

Spielregeln für Lernstationen

1. Die Experimente beim Stationenlernen werden vorher nicht ausführlich besprochen. Verabredet nur, welche Gruppe mit welcher Station beginnt.
2. Jede Gruppe darf höchstens vier Teilnehmer haben. Das Team arbeitet an den Stationen in eigener Verantwortung.
3. Lest die vorliegende Aufgabenstellung genau durch und beachtet alle Anweisungen.
4. Die benötigten Geräte findet ihr an der Station.
5. Jede Gruppe wertet auf einem Ergebnisblatt die Experimente aus (siehe Muster unten).
6. Nach der Arbeit an einer Station räumt ihr auf und wechselt zu einer freien Station.
7. Ihr arbeitet an den Stationen völlig selbstständig. Euer Lehrer oder eure Lehrerin besucht die einzelnen Stationen, berät euch und hilft bei Problemen.
8. Da noch andere Gruppen im gleichen Raum arbeiten, müsst ihr leise miteinander sprechen.

Ergebnisprotokoll

Experimente zur Energieumwandlung

Dieses Ergebnisblatt gehört:

____

Energiearten und Energiewandler

Lernstation	*beteiligte Energiearten*	*Energiewandler*
1	________	________
	________	________

Energieumwandlungen:
Energieflussdiagramm (Beispiel)

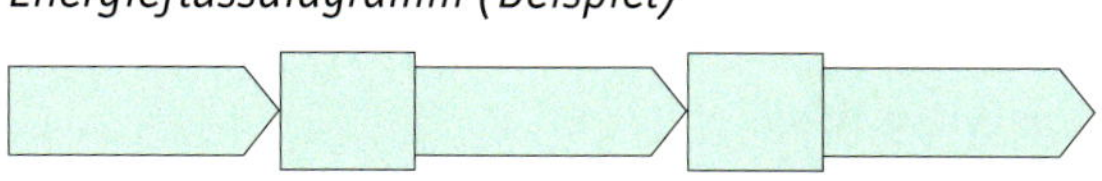

Energie-art | Energie-wandler | Energie-art | Energie-wandler | Energie-art

LERNSTATION 1

Die „Kartoffelbatterie“

Materialien: 1 LED, 3 frische Kartoffeln, 3 Zwei- Cent-Stücke, 3 Zink-Unterlegscheiben, Drähte, einige Büroklammern

Durchführung: Achtet darauf, dass sich die Münzen und die Zinkscheiben nicht berühren. Die Kontaktstellen zwischen den einzelnen Bauelementen müssen blank sein. Zum Schluss wird die LED angeschlossen. Das kurze „Beinchen“ wird mit dem 2-Cent-Stück verbunden.

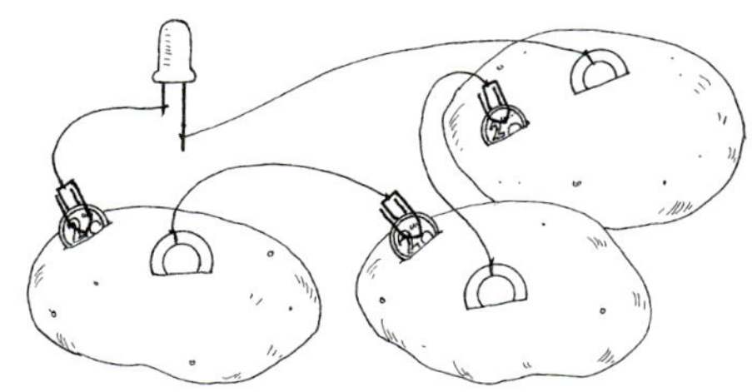

Auswertung: Welche Energiearten sind an dem Vorgang beteiligt? Beschreibe die Energieumwandlungen.

LERNSTATION 2

Das Thermoelement

Materialien: 1 Thermoelement, 2 Kabel, 2 Marmeladengläser mit Metalldeckel, Motor mit Propeller

Durchführung: Füllt ein Glas vollständig mit heißem, das andere mit kaltem Wasser. Die Gläser werden fest verschlossen. Handschuhe benutzen! Legt das Thermoelement zwischen die beiden Deckel der Gläser und schließt den Motor an.

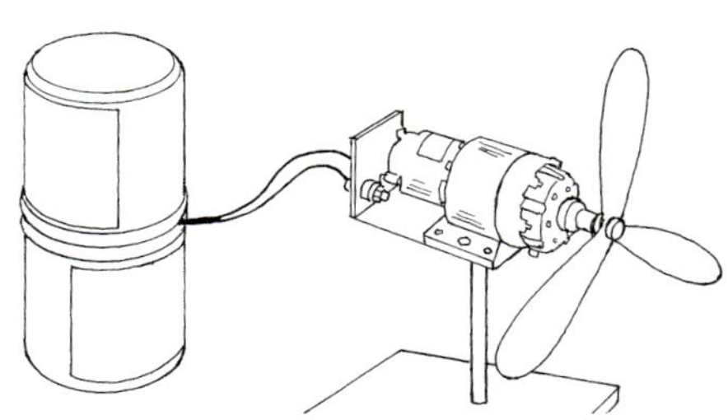

Auswertung: Welche Energiearten sind an dem Vorgang beteiligt? Stellt den Weg der Energie zeichnerisch dar.

Experimente

LERNSTATION 3

Licht aus dem Luftballon

Materialien: Luftballon, Leuchtstoffröhre, Wolltuch

Durchführung: Dunkelt den Raum ab. Der Luftballon wird aufgeblasen und kräftig mit dem Wolltuch gerieben. Berühre den Luftballon mit der Leuchtstoffröhre.

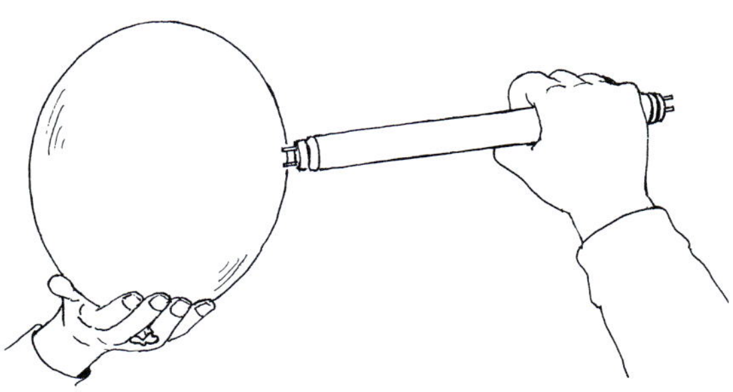

Auswertung: Welche Energiearten sind an dem Vorgang beteiligt? Welche Energieumwandlungen finden statt?

LERNSTATION 4

Das Dampfjetboot

Materialien: 1 große, flache Schale mit Wasser, 1 Dampfjetboot, Kerzenstummel, Einwegspritze

Durchführung: Mit der Einwegspritze wird Wasser in eines der „Auspuff"-Rohre gedrückt, bis es aus dem anderen Rohr wieder herauskommt. Der angezündete Kerzenstummel wird unter den „Dampfkessel" des Bootes gestellt. Das Boot wird in das Wasserbecken gesetzt.

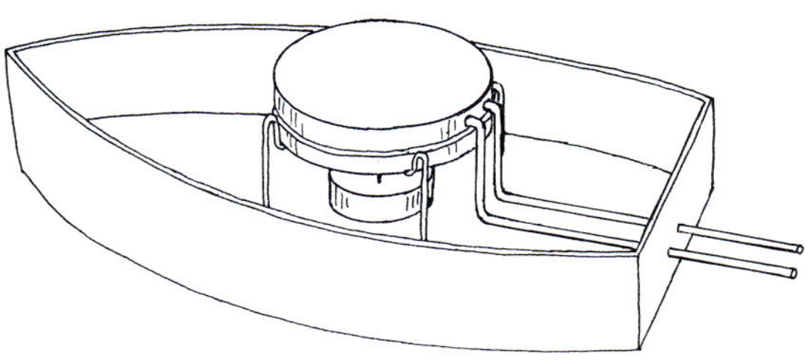

Auswertung: Welche Energiearten treten hier auf? Beschreibe die Energieumwandlungen.

LERNSTATION 5

Jo-Jo und Flummi

Materialien: Flummi, Jo-Jo

Durchführung: Lasst den Flummi aus Kopfhöhe fallen. Das aufgewickelte Jo-Jo, dessen Schnur mit der Achse fest verbunden ist, wird auf Brusthöhe gehalten und losgelassen. Die Hand sollte sich dabei nicht bewegen.

Auswertung: Welche Energiearten sind an den Vorgängen beteiligt? Beschreibe die Energieumwandlungen.

LERNSTATION 6

Windrad und Propeller

Materialien: 2 empfindliche Solarmotoren mit Propeller, 2 Elektrokabel

Durchführung: Verbinde die beiden Motoren. Einer der Propeller wird in schnelle Bewegung versetzt.

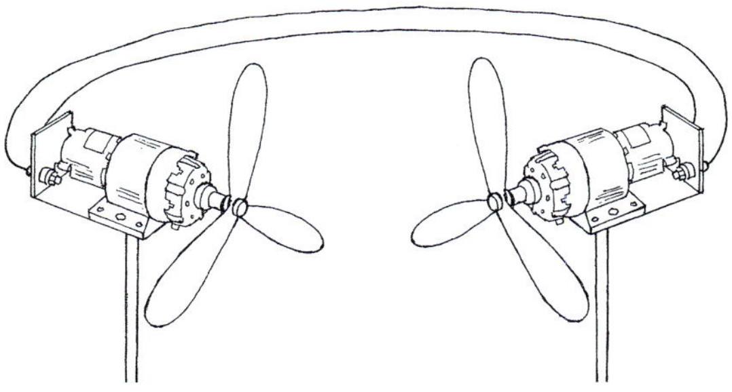

Auswertung: Welche Energiearten sind an dem Vorgang beteiligt?
Stelle den Weg der Energie in einem Energieflussdiagramm dar.

Energietransport und Energiespeicherung

Windenergieanlagen prägen vielerorts das Bild der Landschaft. Da häufig kräftige Winde über das Land wehen, lohnt es sich, die Bewegungsenergie des Windes zu „ernten".

1

Mit Windenergieanlagen kann man die Bewegungsenergie des Windes nutzbar machen. Der Rotor wird durch den Wind in Drehung versetzt und treibt einen Generator an. Die Bewegungsenergie des Windes wird in elektrische Energie umgewandelt. Die elektrische Energie wird dann über das elektrische Netz dorthin transportiert, wo sie gebraucht wird. Schließt man zu Hause die elektrischen Geräte an die Steckdose an, kann man nicht mehr feststellen, woher die elektrische Energie stammt. Sie kann aus einem Windkraftwerk kommen, aber auch von einem Wasserkraftwerk oder einem Wärmekraftwerk. In Wasserkraftwerken wird die mechanische Energie des Wassers in elektrische Energie umgewandelt. Die Energie, die in Kohle, Gas, Erdöl oder Uran enthalten ist, wird in Wärmekraftwerken umgewandelt. ↑2 ↑3
Energie muss oft weite Wege zurücklegen. Wie werden die verschiedenen Energiearten transportiert? Kann Energie auch gespeichert werden?

2 Wasserkraftwerk

3 Kernkraftwerk

Experimente

1 Energietransport in der Luft
Schlage ein Weinglas vorsichtig an und merke dir den Ton. Stelle mit dem Tongenerator einen Ton gleicher Höhe ein. Richte den Lautsprecher auf das Glas. ↑4

a Schalte den Tongenerator ab und beobachte das Glas.
b Wieso klingt das Glas, obwohl es nicht angeschlagen wurde?
c Wie wurde die Energie vom Lautsprecher zum Glas transportiert?

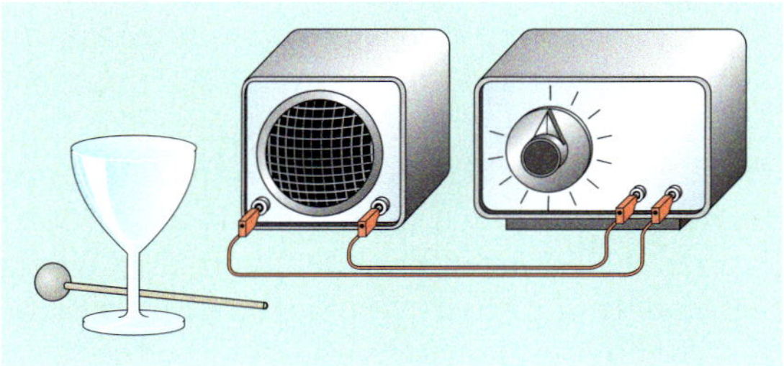
4

2 Energietransport – auch mechanisch

a Überprüfe, ob eine Energietransportkette, wie sie in Bild 5 dargestellt ist, funktioniert.
b Suche Beispiele, bei denen Energie mit Ketten oder Seilen übertragen wird.

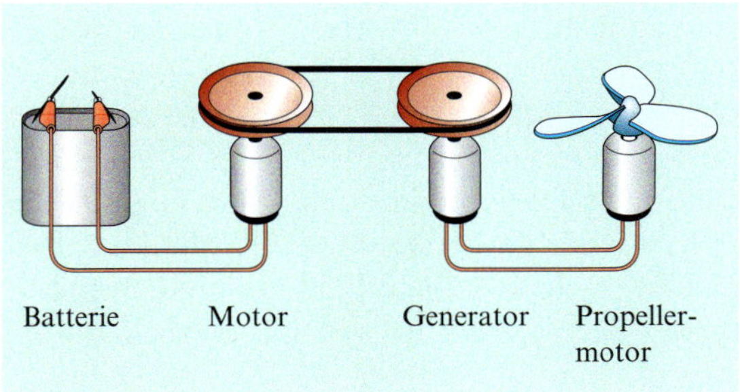

5

3 Energietransport durch Wasser
Ein mit Wasser gefülltes Rohr wird unten erhitzt und oben abgekühlt. Oben befinden sich ein paar Kaliumpermanganatkristalle, die die Bewegung des Wassers sichtbar machen sollen. ↑6

a Beschreibe deine Beobachtungen.
b Wo wird dem System Energie zugeführt und wo wird sie entnommen?
c Wie wird die Energie transportiert?
d Das Rohr ist ein Modell für eine Zentralheizung. Wo findest du im Modell den Heizkessel und den Heizkörper?

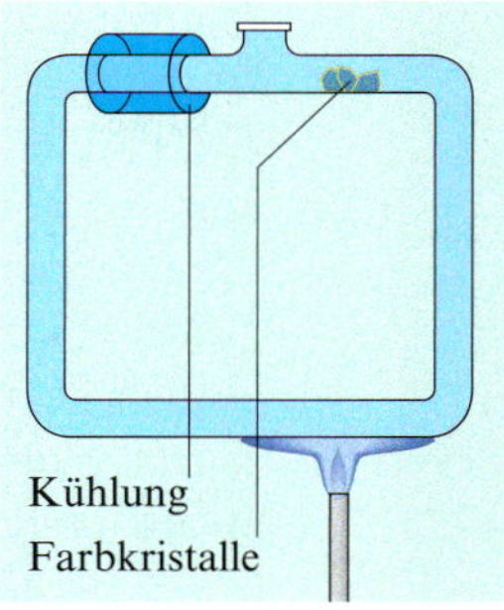

6

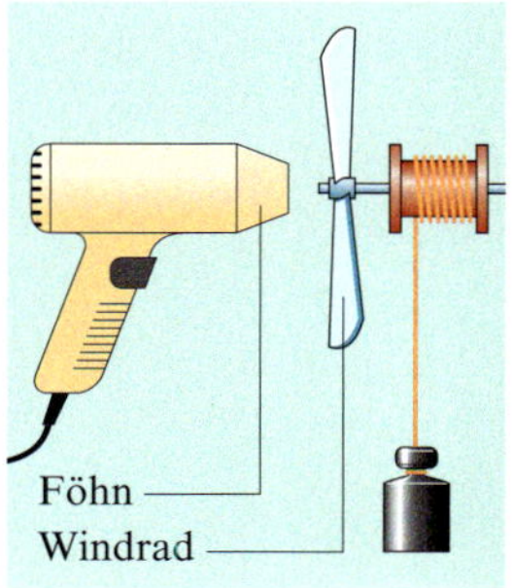

7

4 Energietransport durch Luft
Durch strömende Luft wird ein Windrad gedreht. Dadurch wird ein Wägestück angehoben. ↑7

a Wie gelangt die Energie von der strömenden Luft zum hochgehobenen Wägestück?
b Welche Energieumwandlungen treten dabei auf?
c Wo findest du hier Kreisläufe?

5 Energietransport durch Magnete
Bild 8 zeigt eine „Magnetschussanlage". Sie besteht aus kräftigen Magneten, die in gleichmäßigem Abstand zueinander befestigt sind. Hinter den Magneten befinden sich zwei Stahlkugeln, die vom Magneten angezogen werden. Lässt man jetzt eine Kugel auf den ersten (linken) Magneten aufprallen, fliegt die letzte Kugel (rechts) in hohem Bogen davon. Die übrigen Kugeln nehmen danach die in Bild 8 b gezeigte Lage ein.

a Obwohl die auslösende Kugel nur leicht angestoßen wird, schießt die letzte Kugel mit großer Geschwindigkeit fort. Welche Schlussfolgerung kannst du daraus ziehen? Welche Erklärung hast du für den Vorgang? Hinweis: Schaue dir die Lage der Kugeln vor und nach dem Experiment an.
b Was musst du tun, damit die Vorrichtung erneut funktioniert? Gib bei deiner Antwort die Energietransporte an.

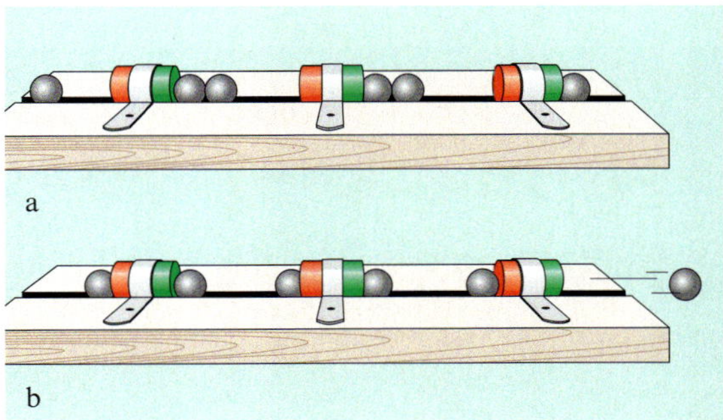

8

GRUNDLAGEN: Energie wird transportiert

Energie muss in der passenden Form dort sein, wo sie gebraucht wird. Dazu muss sie über kürzere oder längere Strecken transportiert werden. Elektrische Energie wird durch elektrische Leitungen transportiert und dort umgewandelt, wo sie gebraucht wird. Aber auch mechanische Energie kann übertragen werden: durch Ketten wie beim Fahrrad, durch Gurte wie bei Jalousien, durch Seile wie bei Kränen oder durch Stäbe wie beim Mixer.
Zum Heizen einer Wohnung wird thermische Energie benötigt. Sie wird in einem Heizkessel durch Verbrennen von Öl oder Gas gewonnen und durch erwärmtes Wasser zu den Heizkörpern transportiert.
Bei der Energieversorgung von Gemeinden und Städten müssen oft große Entfernungen überwunden werden. Die elektrische Energie wird von den Kraftwerken zunächst mit Hochspannungsleitungen in die Städte transportiert und dort durch ein weit verzweigtes Leitungsnetz in die einzelnen Häuser verteilt.
Auch die Brennstoffe wie Heizöl und Gas, bei deren Verbrennung chemische in thermische Energie umgewandelt wird, haben längere Wege hinter sich. Sie werden durch Supertanker, Frachter, Tanklastwagen oder Rohrleitungen in die Häuser transportiert. Man nennt sie Energieträger.
Beim Energietransport durch Strahlung werden weder Leitungen noch Energieträger benötigt. Im Haushalt wird zum Beispiel ein Teil der thermischen Energie vom Heizkörper durch Strahlung abgegeben. Durch Strahlung gelangt auch die Sonnenenergie durch das Weltall zur Erde.

Energie kann auf verschiedene Arten transportiert werden:
- durch Energieträger (Kohle, Öl, Nahrung),
- durch Strahlung (Licht, Wärme),
- durch Leitung (elektrischer Strom, Seile, Stangen).

1 Kollektoren sammeln die Sonnenenergie

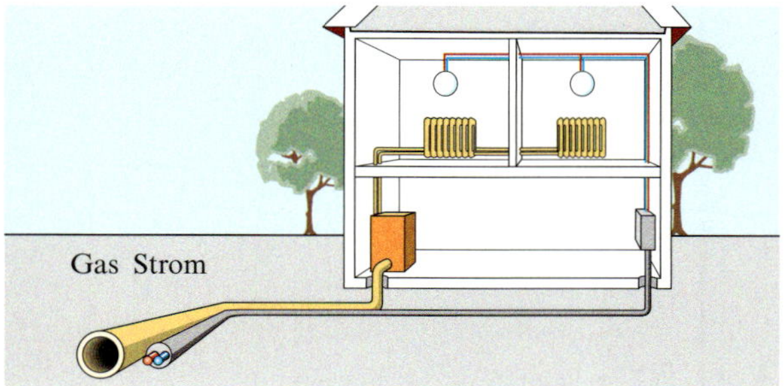

2 Energietransport im Haus

3 Erdöl wird durch Pipelines transportiert

4 Leitungen zum Transport von elektrischer Energie

Probier's mal!

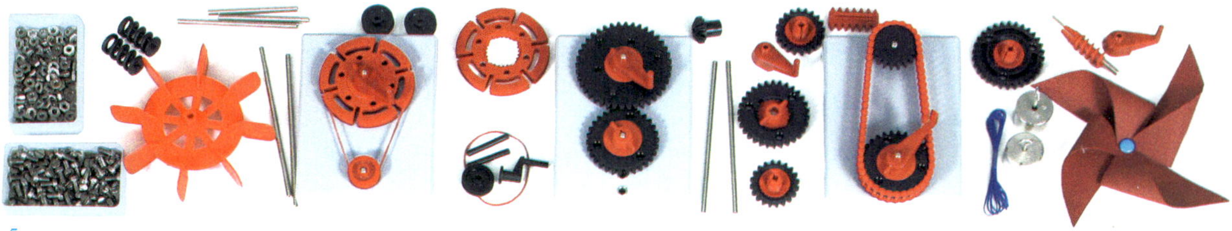

5

1 Energietransportketten
Wenn mehrere Energietransporte verknüpft sind, spricht man von einer Energietransportkette. Baue mit möglichst vielen Energiewandlern eine funktionstüchtige Energietransportkette auf. Bild 5 zeigt, welche Geräte du benutzen kannst.

2 Energie früher und heute
a Erkunde, welche Energiearten im Haushalt vor ca. 100 Jahren eingesetzt wurden, um Arbeiten wie z. B. Waschen, Heizen, Saubermachen, Beleuchten ... zu erledigen.
b Wie wurde die Energie ins Haus transportiert?
c Fertige eine Gegenüberstellung mit den heute eingesetzten Energiearten an.

3 Aufwindkraftwerke
Bild 6 zeigt ein Aufwindkraftwerk. In dem Modell rechts wird ein mattschwarz lackiertes Rohr mit einer hellen Lampe angestrahlt. Über der oberen Öffnung befindet sich ein Windrad.
a Beschreibe, warum sich das Windrad dreht.
b Woher stammt die benötigte Energie und wie gelangt sie zum Windrad?
c Vergleiche die Energienutzung im Aufwindkraftwerk mit der Nutzung der Windenergie in einer Windkraftanlage. Nenne Gemeinsamkeiten und Unterschiede.
d Informiere dich im Internet über die Einsatzmöglichkeiten von Aufwindkraftwerken.
e Versuche ein funktionstüchtiges Modell eines Aufwindkraftwerks zu bauen.

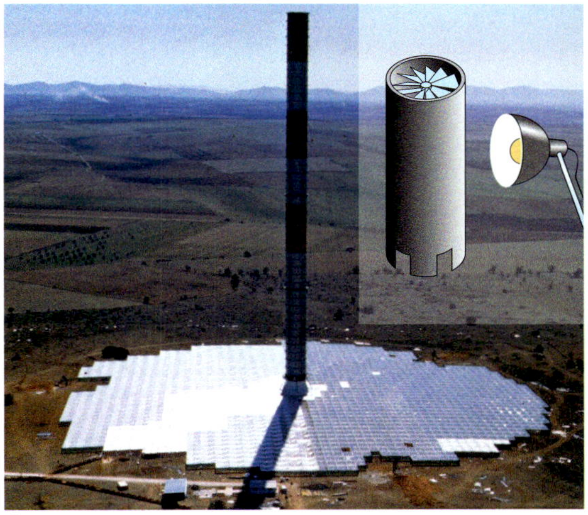

6

Aufgaben

1 Wassermühlen wurden früher zum Mahlen von Getreide genutzt.
a Welche Energieumwandlungen fanden dabei statt? ↑7
b Überlege, wie sich diese Vorrichtung auch zur Erzeugung elektrischer Energie nutzen lässt.
c Wie erhält das Wasser seine Bewegungsenergie?
d Wie wird der Fluss immer wieder mit Energie versorgt?

2 Nach dem Spielen im Schnee bist du durchgefroren. Mit heißer Milch hast du dir einen Kakao zubereitet. Nach dem Trinken fühlst du dich besser. „Das sind die Sonnenstrahlen, die dich von innen erwärmen“, behauptet dein Vater. Woher kommt die Energie, die dich durch den heißen Kakao wärmt? Zeichne den Weg der Energie und die dabei auftretenden Energieumwandlungen auf. Berücksichtige dabei, dass auch Nahrungsmittel Energie enthalten.

7

GRUNDLAGEN: Energietransport und Energiespeicherung

Energietransport durch Kreisläufe Durch Heizungsanlagen strömt Wasser. Die Energie wird durch einen Wasserstrom transportiert. Im Heizungskessel wird das Wasser erhitzt, es wird mit thermischer Energie beladen. Im Heizkörper gibt es seine Energie ab. Das Wasser fließt dann in einem Kreislauf zurück zum Kessel. ↑1

Energie wird oft durch Energieträger transportiert, die im Kreis laufen. Sie werden an einer Stelle mit Energie beladen und geben Energie an anderen Stellen ab.

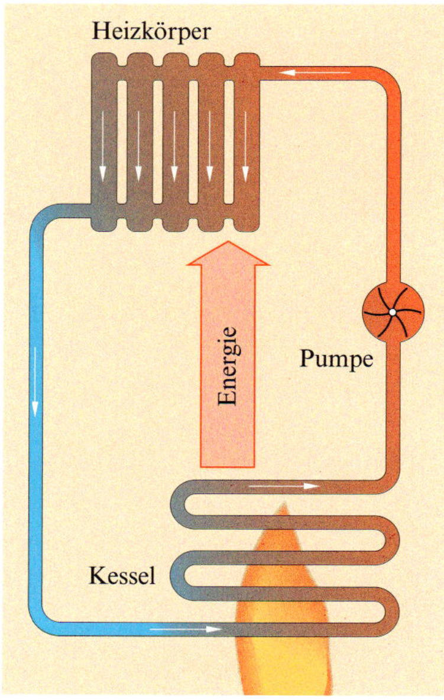

1 Energiekreislauf in einer Heizung

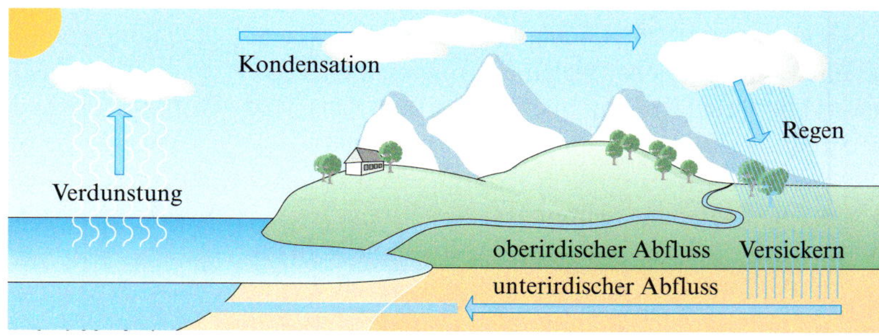

2 Energiekreislauf in der Natur

Energiespeicherung Kohle, Öl, Gas, aber auch Holz und Nahrung kennen wir bereits als Energieträger. Im System Brennstoff-Luft ist chemische Energie gespeichert.
Warmes Wasser ist ein thermischer Energiespeicher. Die Wärmflasche kann über mehrere Stunden thermische Energie abgeben. Das Wasser der Ozeane speichert einen Teil der eingestrahlten Sonnenenergie, die durch Meeresströme in kühlere Regionen gelangt. Für Westeuropa wirkt der aus warmen Meeresregionen kommende Golfstrom wie eine riesige Warmwasserheizung. Ihm verdanken wir, dass es im Winter nicht so kalt wird wie in Osteuropa.
Auch Stauseen stellen Energiespeicher dar. Durch die höhere Lage speichert das Wasser in ihnen Höhenenergie. Durch riesige Staumauern wird Wasser aufgestaut. Durch Rohre lässt man es auf tiefer liegende Turbinen strömen und treibt so Generatoren an. Die Generatoren wandeln die mechanische in elektrische Energie um. ↑4

In Energiespeichern kann Energie über einen längeren Zeitraum aufbewahrt werden.

3 Energiespeicher Nahrungsmittel

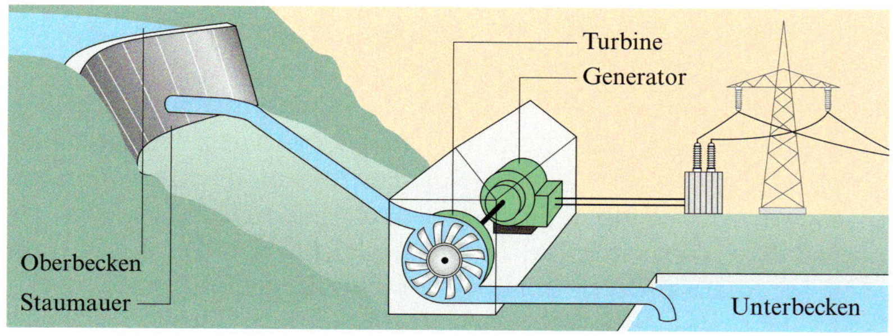

4 Das Wasser hinter der Staumauer ist ein Energiespeicher.

Die folgende Tabelle gibt einen Überblick über die unterschiedlichen technischen Speichermöglichkeiten der verschiedenen Energieformen:

Energieform	Beispiel	technische Speicherfähigkeit
Höhenenergie	Pumpspeicherwerk	sehr gut
Bewegungsenergie	Schwungräder	gering, nur kurzzeitig
chemische Energie	Erdöltanks	sehr gut
thermische Energie	Thermosgefäß	gering, nur kurzzeitig
elektrische Energie	Kondensator	sehr schlecht
Licht		keine

5 Thermosgefäße

Aus der Natur Kohle, Erdgas und Erdöl sind Spardosen für Sonnenenergie

Nicht nur die Energie, die wir zum Heizen nutzen, stammt aus Kohle, Erdöl oder Erdgas. Auch die elektrische Energie wird in den Elektrizitätswerken überwiegend durch Verbrennung dieser Stoffe gewonnen. Kohle, Erdöl und Erdgas sind aus abgestorbenen Pflanzen und Tieren vor Hunderten von Millionen Jahren entstanden. Bei Steinkohle handelt es sich um Pflanzen, die im Moor versickerten und ca. 350 Millionen Jahre unter Luftabschluss und hohem Druck zu steinharter Substanz zusammengepresst und vor dem Zerfall bewahrt wurden. Diese „fossilen Brennstoffe" sind sehr gute Speicher chemischer Energie. ↑6

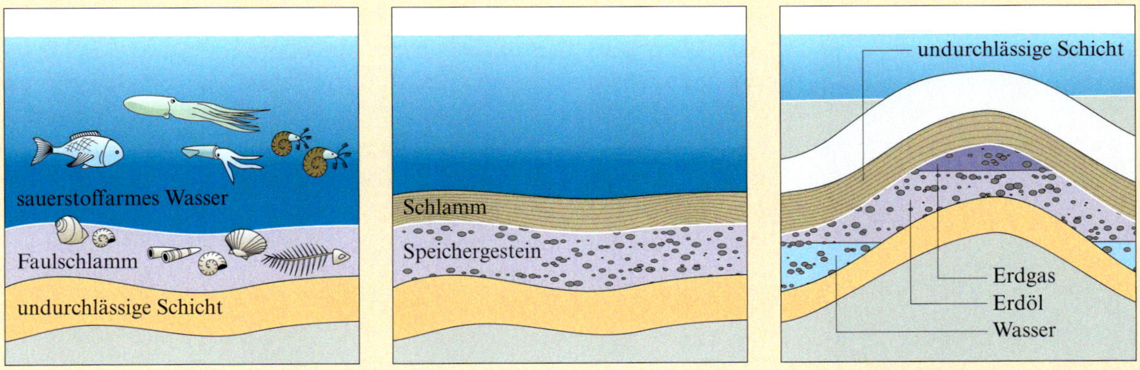

6

Woher stammt die Energie der Pflanzen und Tiere? Pflanzen entstehen mithilfe des Sonnenlichts aus Stoffen, die mit den Wurzeln aus der Erde und mit den Blättern aus der Luft aufgenommen werden: Wasser, Kohlenstoffdioxid und Mineralstoffe. Die Pflanze speichert die durch die Sonnenstrahlung aufgenommene Energie. Tiere ernähren sich auch von Pflanzen und bauen ihren Körper aus den energiereichen pflanzlichen Stoffen auf. Pflanzen und Tiere und somit auch Kohle, Erdöl und Erdgas sind Speicher von Sonnenenergie. Sie sind Energieträger.

Zu denken geben sollte uns jedoch, dass die in vielen hundert Millionen Jahren gespeicherte Sonnenenergie in wenigen hundert Jahren aufgebraucht sein wird. ↑7

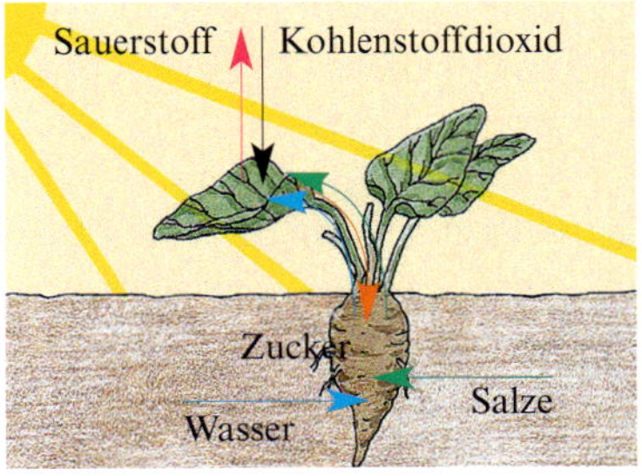

7

Aus der Technik Wärmekraftwerke produzieren elektrische Energie

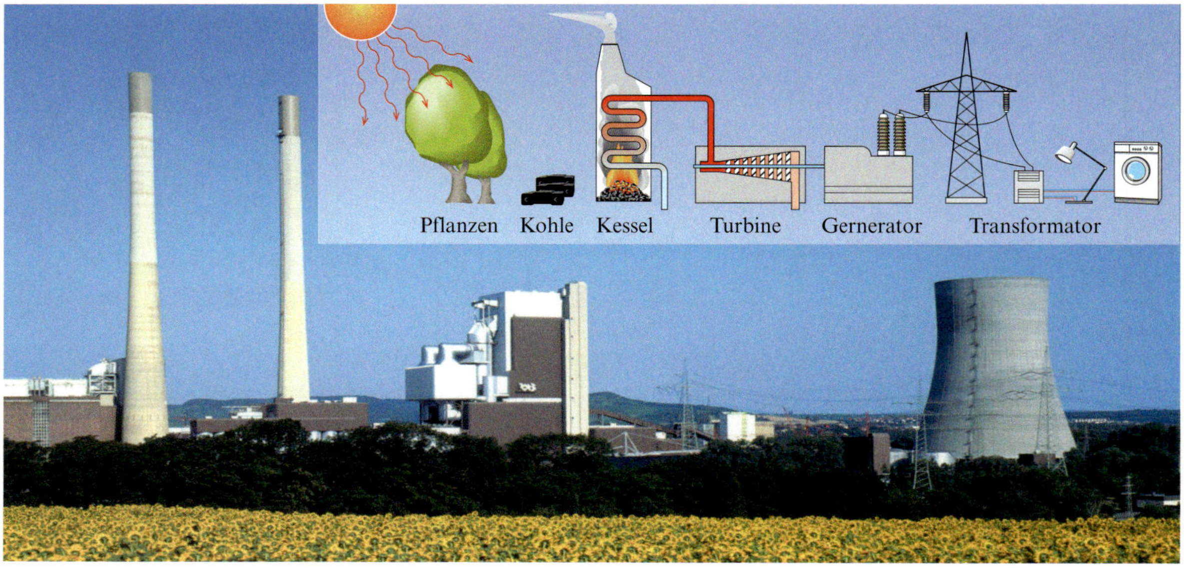

1 Wärmekraftwerk

In Wärmekraftwerken wird Kohle, Öl oder Gas verbrannt und Wasser zum Verdampfen gebracht. Der ca. 540 Grad heiße Dampf strömt unter sehr hohem Druck gegen Turbinenräder. Diese werden dadurch in schnelle Umdrehung versetzt. Die Turbinen treiben große Generatoren an und wandeln die Bewegungsenergie in elektrische Energie um. Von den Kraftwerken gehen Hochspannungsleitungen aus, die die elektrische Energie zu den Verbrauchern transportiert. Da die elektrische Energie nicht gespeichert werden kann, muss sie sofort verbraucht werden. ↑1

Das Kraftwerk muss schnell reagieren können, wenn plötzlich sehr viel Energie benötigt wird. Das kann zum Beispiel passieren, wenn Millionen von Menschen abends ein Fußballspiel im Fernsehen verfolgen und in der Pause zur Toilette oder zum Kühlschrank laufen und dabei zusätzliche Lampen anschalten.

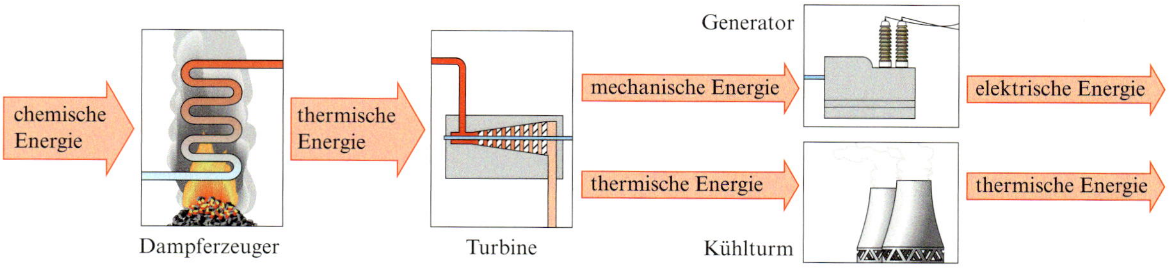

2 Energieflussdiagramm

1 In einem Kohlekraftwerk wird aus der chemischen Energie der Kohle elektrische Energie gewonnen. Welche Vorgänge müssen ablaufen, bis die elektrische Energie durch das elektrische Netz verteilt werden kann?

2 Wasserstoff wird als „Brennstoff der Zukunft" bezeichnet. Informiere dich über Einsatzmöglichkeiten von Wasserstoff bei Autoherstellern, Heizungsherstellern und Energieversorgern. Im Internet wirst du auch unter „Solarwasserstoff" Informationen erhalten.

Aufgaben

1 Sonnenenergie kann auch im Haushalt genutzt werden. ↑3

a Informiere dich in Büchern oder im Internet, welche Möglichkeiten es dazu gibt.

b Welche Energiearten werden dabei für den Haushalt zur Verfügung gestellt?

c Warum wird die Sonnenstrahlung in Deutschland nicht intensiver genutzt?

3

2 Normalerweise betreibt man eine Dampfmaschine mit thermischer Energie, die aus einem Energiespeicher z. B. Kohle abgegeben wird. In Bild 4 benutzt man einen prall aufgepumpten Reifen.

a Beschreibe die Funktionsweise dieses Antriebs.

b Woher kommt die benötigte Energie?

c Was haben der aufgepumpte Reifen und Kohle gemeinsam?

d Welchen Vorteil und welchen Nachteil hat der Reifenenergiespeicher gegenüber der Kohle?

e Gibt es eine Möglichkeit, den Energiespeicher „Reifen" wieder aufzuladen?

f Batterien und Akkus sind ebenfalls Energiespeicher. Hat der Reifen Ähnlichkeit mit einer Batterie oder einem Akku? Begründe deine Entscheidung.

4

3 Biogas und Deponiegas sind brennbare Gasgemische, die bei der Verrottung von tierischen und pflanzlichen Abfällen entstehen. Sie lassen sich zum Heizen und in Kraftwerken einsetzen. Beschreibe mithilfe von Bild 5 die Energieumwandlungen und den Energietransport in einem Deponiegas-Heizwerk.

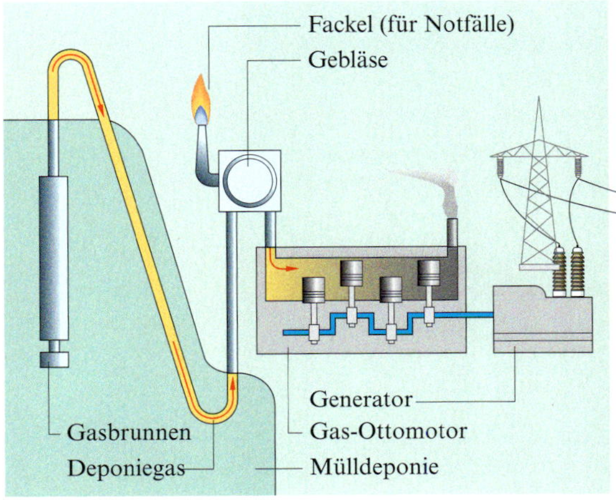

5

4 Bild 6 zeigt eine ausgeklügelte Weckvorrichtung. Um acht Uhr soll die Sonne einen Faden durchbrennen, der die Feder gespannt hält …

6

a Erzähle die Weckgeschichte zu Ende.

b Beschreibe die Mechanismen der Weckmaschine und gib an, welche Energieumwandlungen und Energietransporte stattfinden.

c Wird die Weckmaschine tatsächlich funktionieren? Begründe.

Energie von der Sonne

Die Sonne ist ein unerschöpflicher kosmischer Energielieferant. Durch Verschmelzung von Wasserstoffatomen wird täglich so viel Strahlungsenergie produziert und in den Weltraum geschickt, dass die Sonne pro Sekunde 4,2 Millionen Tonnen an Masse verliert. Nur ein winziger Teil der ausgestrahlten Energie trifft auf die Erde. Da sich die Erde um sich selbst dreht, werden so gut wie alle Teile der Erdoberfläche einmal pro Tag von der Sonnenstrahlung erreicht.
Die Erde dreht sich auch einmal im Jahr um die Sonne. Aufgrund der immer gleichen Schrägstellung der Erdachse wird der Streifen, der die meiste Strahlungsenergie von der Sonne erhält von Norden nach Süden und wieder zurück verschoben. Diese Zunahme und Abnahme der eingestrahlten Energie ist die Ursache für die Jahreszeiten.

Die Blätter der Pflanzen sind winzige Kraftwerke, in denen Sonnenenergie in chemische Energie umgewandelt wird. Die chemische Energie ist in der Biomasse der Pflanzen gespeichert. Kohle, Öl und Erdgas sind aus Pflanzen und Tieren entstandene Energiespeicher, die Millionen von Jahren unter der Erde vor dem Zerfall bewahrt wurden.

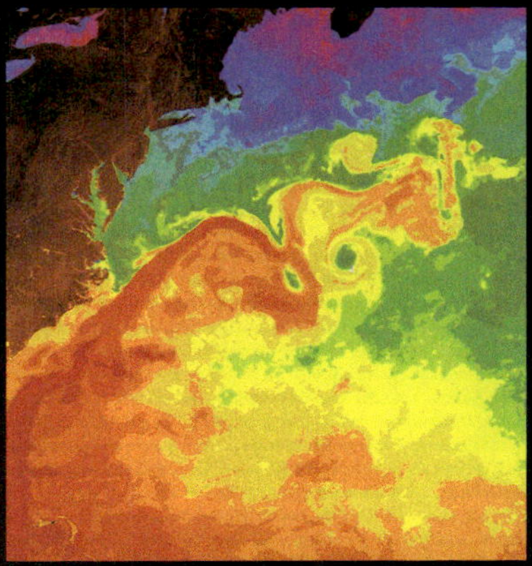

Durch Wind, Temperaturunterschiede und Verdunstung von Wasser werden Meeresströme in Gang gesetzt. So gelangt im Golfstrom warmes Wasser aus der Äquatorgegend in den Atlantik und an die Küste Europas. Dadurch wird im Winter zehn Mal so viel thermische Energie abgegeben, wie durch direkte Einstrahlung von Sonnenenergie.
Der von der Sonne aufgeheizte und angetriebene Golfstrom kann zu Recht als Zentralheizung Europas angesehen werden.

Die in der Atmosphäre gespeicherte Sonnenenergie kann in Windkraftwerken „geerntet" werden. Sie wird dann als elektrische Energie ins Stromnetz eingespeist.

Wie die Windenergie ist auch die in den Wasserwellen enthaltene Energie eine erneuerbare Energiequelle, die Energie liefert, solange die Sonne scheint.
Durch Wellen- und Gezeitenkraftwerke kann die Energie der Wasserwellen angezapft und in elektrische Energie umgewandelt werden.

Das Wettergeschehen auf der Erde wird maßgeblich durch die Sonnenenergie bestimmt. Die in der Atmosphäre gespeicherte Energie äußerst sich u.a. in Stürmen und Winden, die manchmal auch zerstörerisch wirken können.

Die Höhenenergie von herabstürzendem Wasser kann in Wasserkraftwerken genutzt werden. Bergige und wasserreiche Länder wie zum Beispiel Österreich und Norwegen gewinnen über 90 % ihrer elektrischen Energie aus der Höhenenergie des Wassers.

Energieentwertung

Solche Szenen kennt man nur von rückwärts laufenden Filmen. Sie sind ungewohnt und kommen in Wirklichkeit nicht vor. Doch warum funktioniert so etwas nicht? An fehlender Energie kann es nicht liegen. Der Turmspringer könnte thermische Energie aus dem Wasser und der Luft aufnehmen und diese in Bewegungsenergie und Höhenenergie umwandeln. Umgekehrt funktioniert das doch auch.

1

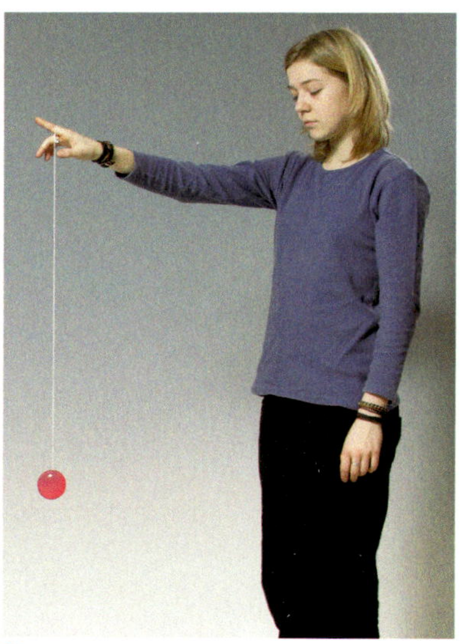

2

Um aus dem Wasser zurück auf das Sprungbrett zu gelangen, müsste der Springer nur so viel Energie aus dem Wasser und der Luft aufnehmen, wie er beim Sprung abgegeben hat. Aber so etwas passiert nicht von selbst. Lässt man heißen Kaffee einige Zeit stehen, so wird er kalt. Auch das ist ein Vorgang, der nicht rückwärts ablaufen kann. Kalter Kaffee wird niemals von selbst heiß. Es wird auch nicht passieren, dass eine Kerze beim Brennen immer größer wird. ↑4

Gibt es überhaupt Vorgänge, die wieder rückwärts ablaufen? An einem Jo-Jo oder einem Pendel kann man solche Vorgänge beobachten. Beim genauen Beobachten stellt man aber fest, dass sich die Wiederholungen nicht gleichen. ↑2 ↑3

An zahlreichen weiteren Beispielen kann man sich davon überzeugen, dass alle Vorgänge von selbst nur in einer Richtung ablaufen. Zwar gelangt der Turmspringer wieder auf das Brett zurück, das Teewasser kann wieder heiß werden und auch eine neue Kerze kann man formen. Mechanische Energie, elektrische Energie und chemische Energie müssen dann zugeführt werden.

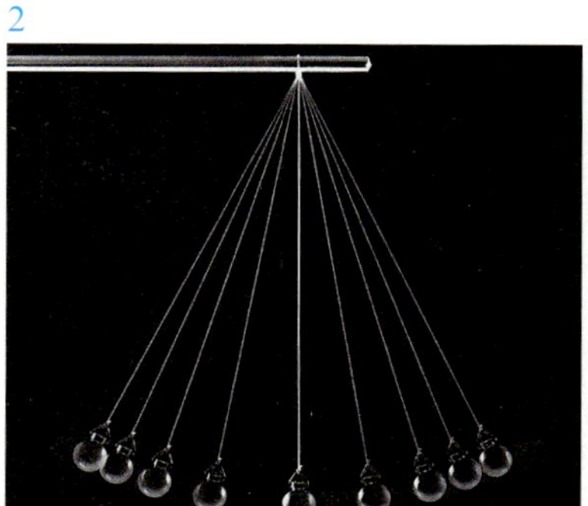

3

4

Experimente

1 Mechanische und thermische Energie

Um Feuer zu entzünden, bohrten Urmenschen mit einem Hartholzstab in ein Holzbrett.

a Was beobachtest du, wenn du mit einem möglichst stumpfen Bohrer versuchst, ein Loch in ein Stück Hartholz zu bohren?

b Welche Energieumwandlungen finden statt?

c Wie würde der in umgekehrter Richtung ablaufende Vorgang aussehen?

2 Elektrische und thermische Energie

Erwärme 5 Minuten lang mithilfe eines Tauchsieders (500 W) 0,5 Liter; 2 Liter und 10 Liter Wasser.

a Bestimme die Temperaturzunahme. Miss dazu die Temperatur des Wassers jeweils am Beginn und am Ende des Experiments.

b Beschreibe deine Beobachtungen mithilfe des Energiebegriffs.

c Wäre es möglich, die gleichen Ergebnisse zu erzielen, wenn du nur die 0,5 Liter heißen Wassers (100 °C) zur Verfügung hast?

d Kann man auch mit 10 Litern lauwarmen Wasser 0,5 Liter heißes Wasser „herstellen"? Begründe deine Antwort.

3 Mechanische und elektrische Energie

Ein Generator wird durch einen an einem Seil hängenden Stein angetrieben. ↑5

Die elektrische Energie wird in einem Kondensator gespeichert. Anschließend wird der Generator als Motor benutzt und mit der gespeicherten elektrischen Energie betrieben. Mithilfe des Motors soll der Stein wieder hochgehoben werden.

a Beschreibe für beide Vorgänge die Energieumwandlungen.

b Vergleiche beide Vorgänge. Welchen Unterschied stellst du fest?

c Erkläre deine Beobachtungen.

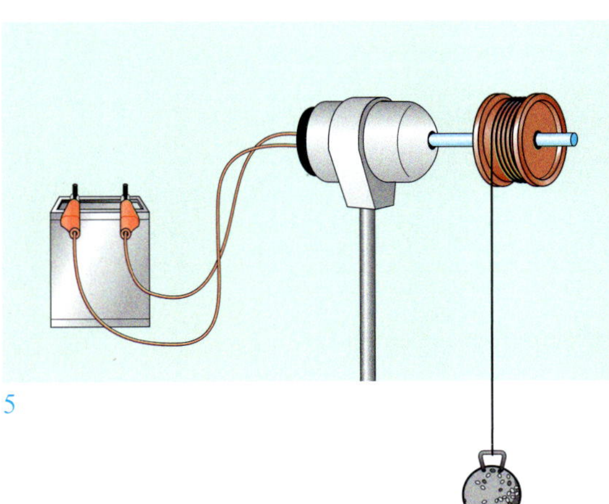

5

4 Thermische und elektrische Energie

Erwärme Leitungswasser auf eine Temperatur von 30 °C, 60 °C und 90 °C. Fülle damit je ein Marmeladenglas (Handschuhe benutzen!). Fülle ein weiteres Glas mit kaltem Leitungswasser. Verschließe die Gläser. Lege ein Thermoelement auf eines der heißen Gläser und stelle darauf das Glas mit dem kalten Wasser. Versuche in allen drei Fällen einen Propellermotor anzutreiben und eine Glühlampe zum Leuchten zu bringen. ↑6

a Beschreibe deine Beobachtungen.

b Wird das auch funktionieren, wenn beide Gläser heißes Wasser enthalten? Überprüfe deine Vermutung mit einem Experiment.

c Wozu dient das Glas mit dem kalten Wasser?

d Warum kann die thermische Energie des warmen Wassers umgewandelt werden?

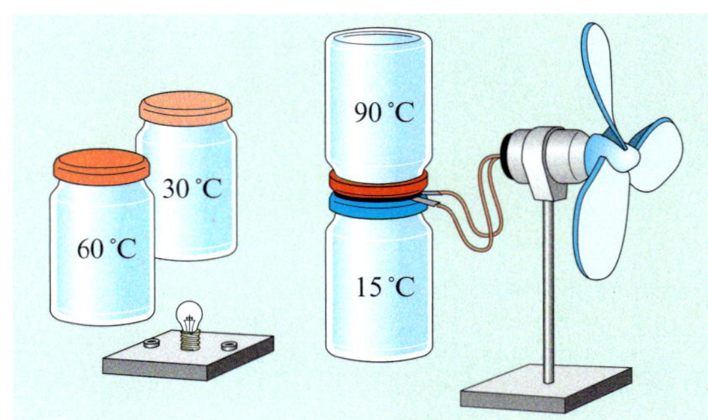

6

5 Elektrische und mechanische Energie

Zwei gleiche Propellermotoren werden durch Kabel miteinander verbunden. ↑7

a Puste kräftig gegen den Propeller eines Motors. Beobachte die Bewegung des anderen Propellers. Vergleiche beide Bewegungen miteinander. Welchen Unterschied stellst du fest?

b Blase gegen den anderen und vergleiche erneut.

c Erkläre deine Beobachtungen.

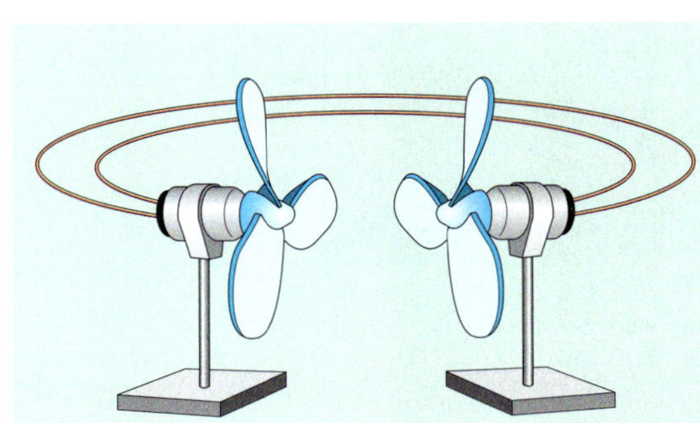

7

GRUNDLAGEN Energie ist nicht gleich Energie – vom Wert der Energie

1 Elektroschweißen

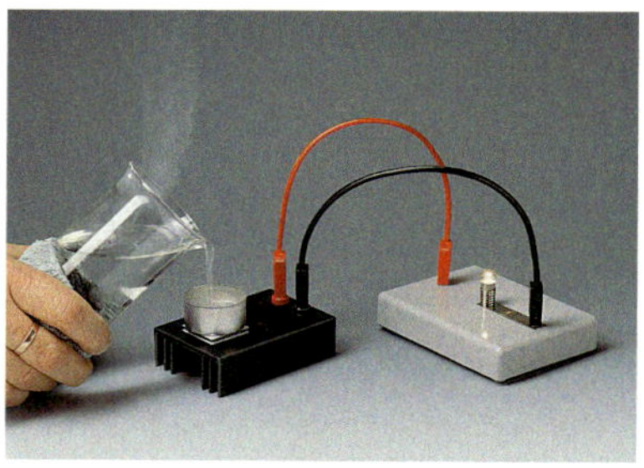
2 Thermogenerator

Mit elektrischer oder mechanischer Energie können Gegenstände unabhängig von ihrer Anfangstemperatur erwärmt werden. Die eingesetzte Energie wird vollständig in thermische Energie umgewandelt. Beim Elektroschweißen wird beispielsweise elektrische Energie in thermische Energie umgewandelt. Dabei erreicht man so hohe Temperaturen, dass die zu verschweißenden Metalle schmelzen. ↑1

Soll umgekehrt, thermische Energie in elektrische oder mechanische Energie umgewandelt werden, gelingt dies immer nur unvollständig. Denn nur wenn thermische Energie von einem Gegenstand mit hoher Temperatur zu einem Körper mit niedriger Temperatur fließt, ist eine Umwandlung möglich. Wird beispielsweise mit einem Thermogenerator die thermische Energie des heißen Wassers in elektrische Energie umgewandelt, so muss ein Teil der Energie über die Kühlrippen an die Umgebung abfließen. ↑2

Ist die Energie erst einmal in der Umgebung, ist sie wertlos. Sie lässt sich nicht zurückgewinnen. Denn es gibt keinen kälteren Körper, zu dem sie fließen könnte. ↑5

Thermische Energie kann von selbst nur von einem wärmeren System zu einem kälteren fließen. Dabei kann ein Teil in mechanische oder elektrische Energie umgewandelt werden. Die Energie, die an das kältere System abgegeben wird, kann für die Umwandlung nicht genutzt werden.

Um eine bestimmte Menge an elektrischer oder mechanischer Energie aus thermischer Energie zu gewinnen, muss immer mehr thermische Energie eingesetzt werden. Daher sind die elektrische und die mechanische Energie wertvoller als die thermische. Thermische Energie ist umso weniger wert, je niedriger die Temperatur ist, bei der sie gespeichert ist. Elektrische und mechanische Energie sind von gleichem Wert. Sie können im Idealfall vollständig ineinander umgewandelt werden. Chemische Energie nimmt eine Zwischenstellung ein. Da mit ihrer Hilfe Temperaturen von einigen tausend Grad erreicht werden können, ist sie in der Praxis wertvoller als thermische aber weniger wertvoll als mechanische und elektrische Energie. ↑4

Schon gewusst?

Ein Vergleich der Energieformen kann zu Überraschungen führen. Z. B. enthalten die folgenden Körper die gleiche Energiemenge.

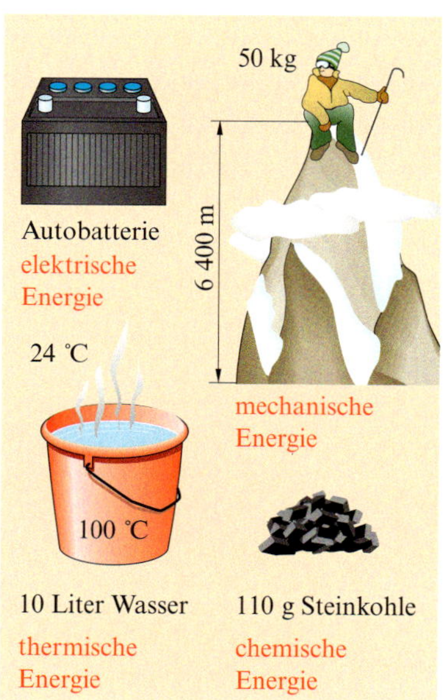

3

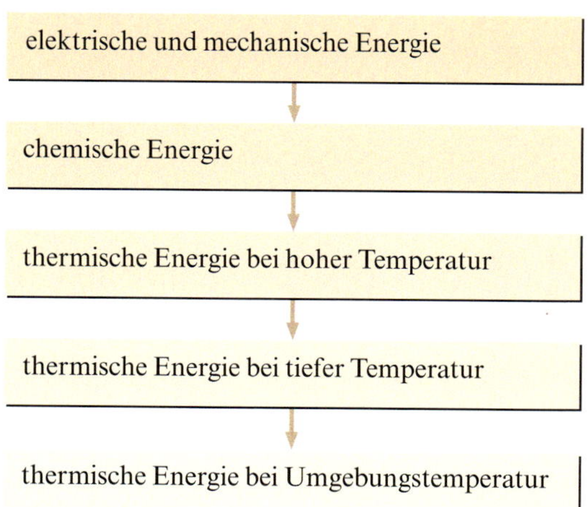

4 Geht man von der gleichen Energiemenge aus, so ergibt sich eine Rangfolge der Energiearten

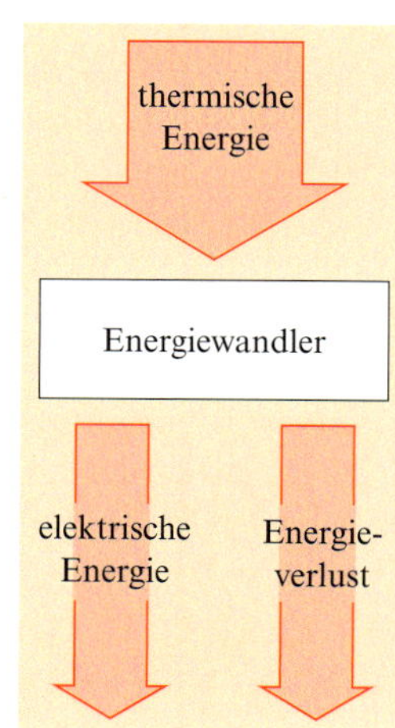

5

GRUNDLAGEN Energie wird entwertet

Bei nahezu allen Energieumwandlungen und Energietransporten wird ein Teil der Energie in thermische Energie umgewandelt. Zum Beispiel erwärmen sich elektrische Leitungen, wenn Strom fließt. Und wenn sich ein Körper bewegt, tritt aufgrund der Reibung eine Erwärmung auf.

Immer wenn elektrische, mechanische oder chemische Energie in thermische Energie umgewandelt werden oder thermische Energie von einem wärmeren zu einem kälteren System fließt, findet eine Energieentwertung statt. Die Entwertung besteht darin, dass der Vorgang nicht von selbst in umgekehrter Richtung abläuft. Man müsste zusätzliche Energie aufwenden, um ihn umzukehren.

Die Entwertung einer bestimmten Energiemenge ist umso größer, je niedriger die Temperatur des Systems ist, an das sie abgegeben wird. Die Energieentwertung ist maximal, wenn die Energie an die Umgebung abgegeben wird.
Die Energieentwertung bezeichnet man umgangssprachlich oft als Energieverbrauch. Den Energieverbrauch kann man mit dem Wasserverbrauch vergleichen: Wasser wird verbraucht, wenn man damit kocht, duscht oder die Toilettenspülung betätigt. Dabei bleibt das Wasser mengenmäßig erhalten, wird aber im Wert verringert. Mit dem Duschwasser könnte man zwar noch die Toilette spülen, aber keinen Tee zubereiten. Auch verbrauchte Energie ist immer noch vorhanden, aber nicht mehr zu gebrauchen.

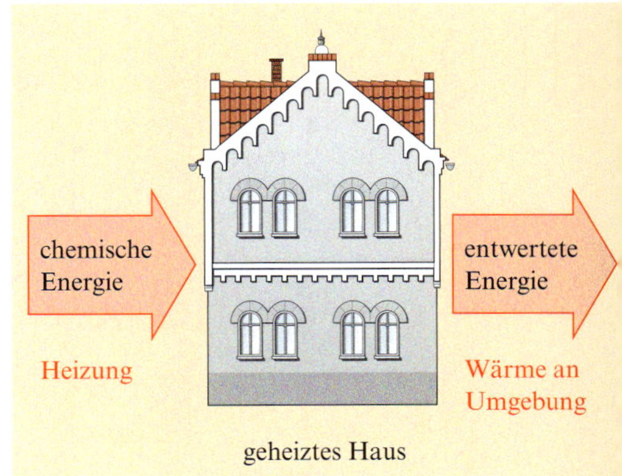

6 Energieentwertung beim Heizen

7 Energieentwertung beim Bremsen

Aufgaben

1 Beschreibe am Beispiel des Turmspringers, des abkühlenden Tees, der abbrennenden Kerze und des auf und ab laufenden Jo-Jos, was man tun muss, damit diese Vorgänge immer wieder neu ablaufen können. Gehe dabei auf die Energieübertragungen und Energieumwandlungen ein.

2 Beschreibe Vorgänge, die von selbst nur in einer Richtung ablaufen. Begründe jeweils die Unumkehrbarkeit.

3 Damit ein Fahrrad schnell zum Stehen kommt, muss man die Bremse betätigen.

a Beschreibe den Bremsvorgang energetisch.

b Widerlege die Aussage: „Beim Bremsen wird Energie vernichtet."

c Kann man die beim Bremsen umgewandelte Energie sinnvoll nutzen. Begründe.

d Auch wenn man nicht bremst, kommt ein Fahrrad zum Stillstand. Wie kommt es dazu?
Vergleiche diesen Vorgang mit dem Bremsen. Nenne Gemeinsamkeiten und Unterschiede.

4 Knickt man einen Stab in der weichen Substanz, eines Handwärmers, erwärmt sich der Handwärmer rasch. ↑8

a Erkundige dich bei einem Chemielehrer, wie ein solcher Handwärmer funktioniert.

b Zeige, dass die thermische Energie nicht aus der warmen Umgebung in den kälteren Handwärmer geströmt sein kann.

c Was musst du tun, um den Handwärmer ein weiteres Mal zu benutzen? Beurteile den Aufwand.

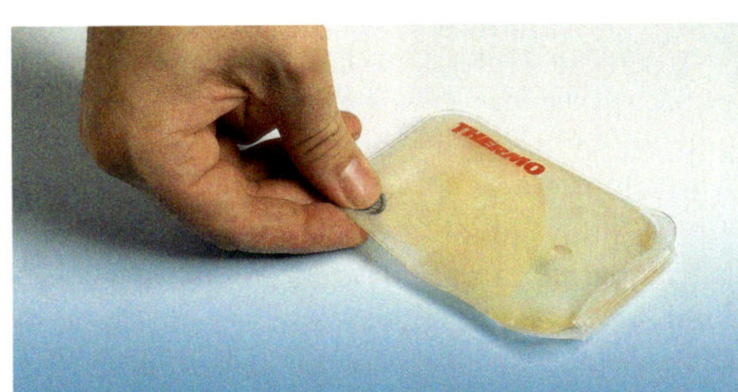

8 Handwärmer

GRUNDLAGEN Energiesparen – unnötige Energieentwertung vermeiden

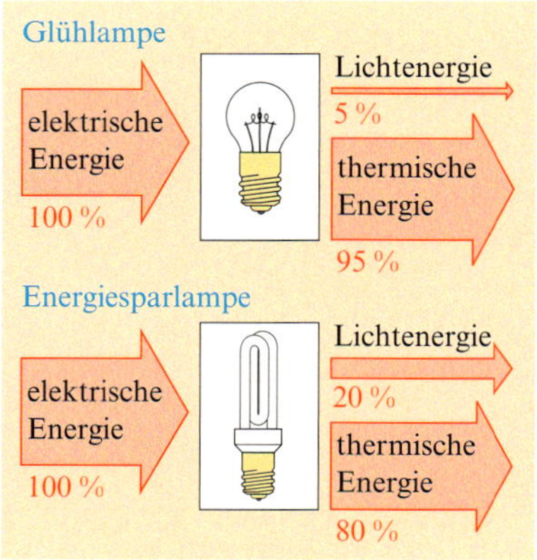

1 Energieentwertung an einer Glühlampe und einer Energiesparlampe

Energieentwertungen lassen sich nicht vermeiden. Sie sind Voraussetzung für die Energienutzung. Wenn man bei Lampenlicht liest und Musik hört, werden ständig Licht- und Schallenergie ausgestrahlt. Sie werden von den Wänden und Gegenständen aufgenommen und bei Umgebungstemperatur in thermische Energie umgewandelt und somit entwertet. Nur durch den Verzicht auf die Energienutzung könnte hier Energie gespart werden.
In vielen Fällen kommt man mit einer geringeren Energieentwertung ans Ziel. Die thermische Energie zur Heizung eines Zimmers wird meist aus der wertvollen chemischen Energie von Öl und Gas gewonnen. Das müsste nicht sein, weil nur eine verhältnismäßig niedrige Zimmertemperatur aufrecht erhalten werden muss. Dazu reichten beispielsweise Abwärme aus Kraftwerken oder Sonnenkollektoren aus, die thermische Energie bei relativ geringer Temperatur abgeben. Bei großflächigen Heizungen (z.B. Fußbodenheizung) braucht die Temperatur des Heizwassers nur etwas höher als die gewünschte Zimmertemperatur zu sein. In diesen Fällen ist die Energieentwertung beim Heizen eines Zimmers wesentlich geringer, als die Energieentwertung beim Einsatz von chemischer Energie.

Aus der Technik Wärmedämmung bei Wohnhäusern

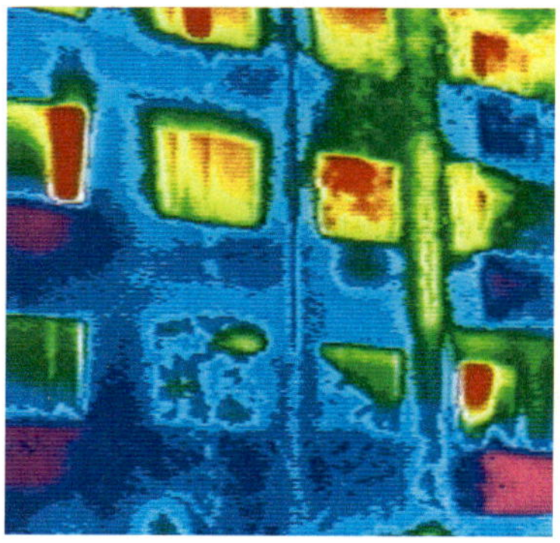

2 Infrarotaufnahme eines Hauses

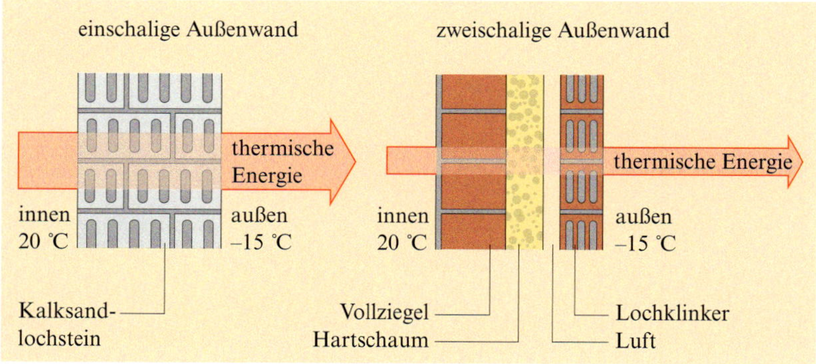

3 Maßnahmen zur Wärmedämmung

Beim Heizen wird wertvolle chemische Energie durch Verbrennen von Kohle, Erdöl oder Erdgas in weniger wertvolle thermische Energie umgewandelt und durch Heizkörper an die Wohnung abgegeben.
Der Wohnung muss gerade so viel Energie zugeführt werden, dass die gewünschte Temperatur erreicht und aufrechterhalten wird. Wichtig ist dabei das Aufrechterhalten: Es genügt nicht, die gewünschte Temperatur einmal zu erreichen und dann die Heizung abzuschalten. Die den Zimmern zugeführte Energie wird nämlich entwertet, indem sie durch die Wände, Decken, Fenster usw. an die kalte Umgebung übergeht.

Bild 2 zeigt, wo die Energie bei einem Haus entweicht. Bereiche unterschiedlicher Temperatur sind durch Farben sichtbar gemacht. An den roten und gelben Stellen ist die Hauswand am wärmsten, dort geht am meisten Energie in die Umgebung über. Die größten „Wärmebrücken" sind oft die Betondecken und die Fenster.
Die Energieentwertung durch Entweichen lässt sich nicht völlig vermeiden – aber verlangsamen. Dazu dürfen Wände, Fenster usw. nur wenig Wärme von der warmen Wohnung zur kalten Außenwelt transportieren. Man verwendet deshalb Materialien, die die Wärme möglichst wenig leiten. ↑3

Probier's mal!

1 Schwebende Rosinen
Lass einige Rosinen in einem Glas mit Sprudelwasser zu Boden sinken. Beobachte eine zeitlang die Rosinen.

a Beschreibe deine Beobachtungen.
b Woher erhalten die aufsteigenden Rosinen ihre Energie? Nehmen sie thermische Energie aus dem Wasser auf?
c Obwohl der Vorgang des Absinkens der Rosinen wieder rückgängig gemacht wird, wird dabei Energie entwertet. Begründe.

2 Springende Bälle
Besorge dir Bälle, die unterschiedlich gut springen (Flummi, Tennisball, Fußball, Medizinball und einen Ball, den du dir aus Knetmasse formst).

a Lass die verschiedenen Bälle nacheinander aus der selben Höhe auf den Boden fallen. Miss, wie hoch sie nach dem ersten Aufprall springen.
b Erkläre das Zustandekommen der Unterschiede durch Anwendung des Energiebegriffs.

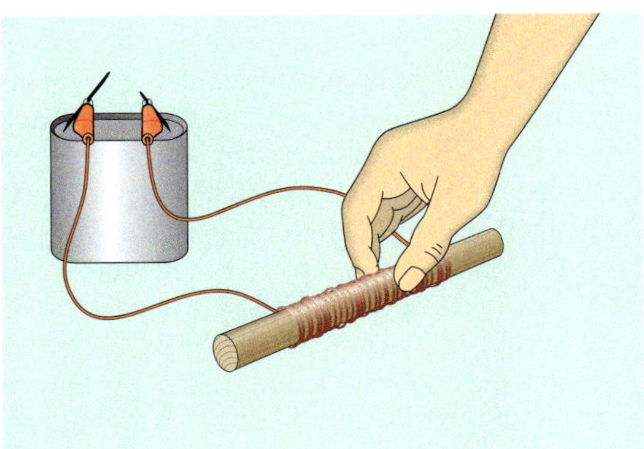

4

3 Gewickelter Kupferdraht
Wickle einen langen Kupferdraht zu einer Spule auf und schließe die beiden Enden an eine Batterie an. Was fühlst du, wenn du den Kupferdraht anfasst. Begründe. ↑4

4 Geworfene Knetmasse
Wirf einen aus Knetmasse geformten Ball mehrfach kräftig auf einen harten Boden.

a Miss vor und nach den Würfen die Temperatur mit einem empfindlichen Temperaturfühler.
b Begründe mithilfe des Ergebnisses die Beobachtung, dass man die Abgabe von thermischer Energie nicht bemerkt.

5 Superkreisel
Bild 5 zeigt einen „Superkreisel“. Einmal gestartet, kreiselt er ständig in einer kleinen Mulde.
Überprüfe folgende Erklärung auf ihre Richtigkeit: „Der Kreisel kommt nicht zur Ruhe, weil er die Mulde immer wieder hinaufrollt und dadurch Höhenenergie gewinnt. Beim Zurückkreiseln zur tiefsten Stelle wandelt er die Höhenenergie wieder in Bewegungsenergie um.“

5

Aufgaben

1 Wie tragen Energiesparlampen dazu bei, überflüssige Energieentwertungen zu vermeiden.

2 Durch die Nutzung der Sonnenenergie lassen sich zusätzliche Energieentwertungen vermeiden.
a Erläutere diese Aussage.
b Warum wird trotzdem so wenig Sonnenenergie genutzt?

3 Durch Absenken der Zimmertemperatur kann man Energieentwertungen vermeiden. Was kann man tun, damit man trotzdem nicht friert?

4 Durch Vermeiden von überflüssigem Verpackungsmaterial kann viel Energie gespart werden. Stimmt diese Behauptung? Beschreibe den „Weg“ einer Verpackung von der Herstellung bis zur Entsorgung aus energetischer Sicht.

5 Fahrradfahren ist die energetisch günstigste Art, sich fortzubewegen.
Nenne einige Gründe, warum der Energieverbrauch beim Radfahren wesentlich geringer als beim Autofahren ist.

Energiemessung

Zu jedem Haushalt gehört ein Elektrizitätszähler. Der gesamte Strom, der bei euch zu Hause durch die elektrischen Geräte fließt, fließt auch durch diesen Zähler. Was „zählt" eigentlich dieses Messgerät?

1

Die Energie, die wir zu Hause für die Heizung oder das Betreiben der elektrischen Geräte benötigen, müssen wir bezahlen. Für Gas oder Öl zum Heizen ergibt sich der Preis aus dem Volumen der verwendeten Energieträger. Die elektrische Energie wird von den Stromversorgungsunternehmen über Leitungen in die Haushalte geleitet. Damit der Preis ermittelt werden kann, muss gemessen werden, wie viel elektrische Energie verbraucht wurde. Ob sich der Elektrizitätszähler dazu eignet? Wir werden uns davon überzeugen, dass der Zähler tatsächlich ein Energiemessgerät ist.

Der Elektrizitätszähler misst die Energie in Kilowattstunden. Deswegen wird er manchmal auch „Kilowattstundenzähler" genannt. Oft spricht man auch vom Stromzähler, weil elektrischen Strom durch ihn hindurch fließt.

Eine Kilowattstunde kostet heute etwa 15 Cent. Einmal oder zweimal pro Jahr wird die Anzahl der Kilowattstunden abgelesen und errechnet wie viel für die benötigte elektrische Energie gezahlt werden muss. ↑2

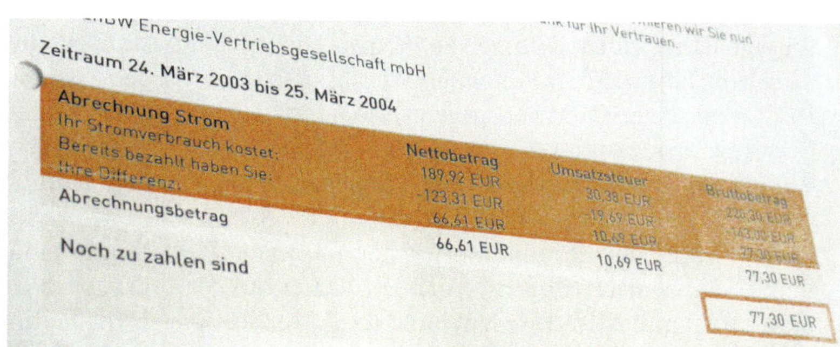

2 Rechnung eines Energieversorgers

Experimente

1 Dauer der Zählerscheibenumdrehung
Erwärme Wasser mit einem Tauchsieder oder einem Wasserkocher. Schalte zwischen Steckdose und Tauchsieder einen Elektrizitätszähler. ↑3

a Wie viel Zeit benötigt die Zählerscheibe für 1, 2, 3 … Umdrehungen?
b Trage deine Messwerte in eine Tabelle ein.

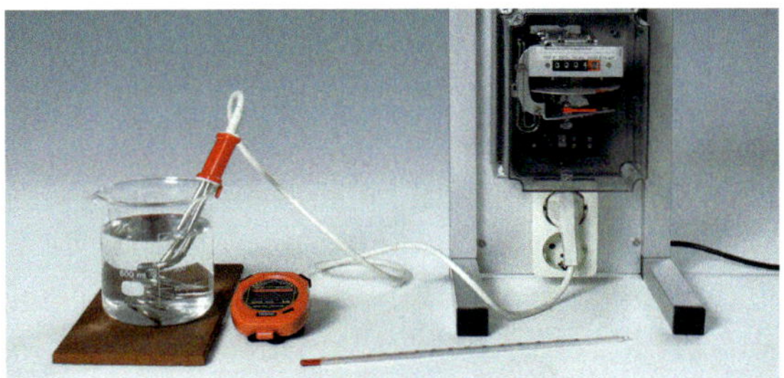
3

2 Anzahl der Zählerscheibenumdrehungen
Untersuche, wie sich die Anzahl der Umdrehungen des Elektrizitätszählers verändert, wenn du die Temperatur von 500 ml Wasser um 40 °C zunächst mit einem normalen und später mit einem kleinen Tauchsieder erhöhst.

a Formuliere zunächst eine Vermutung.
b Überprüfe deine Vermutung mit einem Experiment.
c Wiederhole das Experiment mit der doppelten Wassermenge. Was stellst du fest?

3 Energie am Heizlüfter
Ein Heizlüfter wird über einen Zähler an eine Steckdose angeschlossen.
Notiere, wie oft sich die Zählerscheibe in 2 Minuten dreht, wenn
- nur der Ventilator,
- die niedrigste Heizstufe,
- die höchste Heizstufe eingeschaltet ist.

a Wie lange dauert jeweils eine Umdrehung der Zählerscheibe?
b Welche Schlussfolgerung kannst du aus deinen Messungen ziehen?

4 Energie und Temperatur
Erwärme mit einem über einen Energiezähler angeschlossenen Tauchsieder 1 Liter Wasser um insgesamt 30 °C.

a Lies bei jeder Umdrehung des Zählers die Temperatur ab, trage die Ergebnisse in ein Diagramm ein.
b Welchen Zusammenhang kannst du erkennen?

5 Energie und Volumen
Erwärme 0,5 Liter, 1 Liter und 2 Liter Wasser um 20 °C mit einem Tauchsieder, der über einen Elektrizitätszähler läuft.

a Bestimme die dazu jeweils nötige Umdrehungszahl des Zählers. Stelle die Messwerte in einem Diagramm dar.
b Welcher Zusammenhang zwischen Umdrehungszahl und Volumen des Wassers lässt sich daraus ablesen?
c Inwiefern folgt aus diesem Ergebnis, dass die Umdrehungszahl ein Maß für die benötigte Energie ist und der Zähler die Energie misst?

6 Energie und Flüssigkeit
Erwärme je 0,5 Liter Wasser, Spiritus und Öl um 20 °C mit einem Tauchsieder, der über einen Elektrizitätszähler läuft. Miss jeweils die Zeit, die für die Temperaturerhöhung benötigt wird. Welche Schlussfolgerung ziehst du aus dem Ergebnis?

7 Mechanische Energie und Höhe
Mit einem Elektromotor wird ein Wägestück mit einer Masse von 0,4 kg um 0,2 m, 0,4 m, 0,6 m … angehoben.

a Bestimme mit einem geeigneten Messgerät die dafür benötige elektrische Energie.
b Stelle die Messwerte für die Höhe und die Energie in einem Diagramm dar.
c Deute das Ergebnis.

8 Mechanische Energie und Masse
In das Bohrfutter einer Bohrmaschine wird ein kurzer Stativstab eingespannt, an dem ein Seil befestigt wird. Damit wird ein Netz mit 2, 4, 6, 8 … Ziegelsteinen um 2 m angehoben. ↑4

a Bestimme mit einem geeigneten Messgerät die dafür benötige elektrische Energie.
b Stelle die Messwerte für die Masse und die Energie in einem Diagramm dar.
c Deute das Ergebnis.

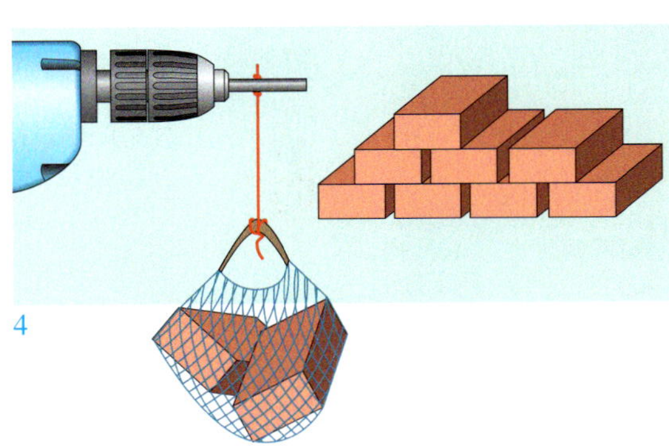
4

GRUNDLAGEN: Der „Zähler" misst elektrische Energie

1

Die Zählerscheibe des Elektrizitätszählers dreht sich, wenn elektrische Geräte eingeschaltet sind. Sie dreht sich gleichmäßig, solange dieselbe Anzahl an Geräten angeschlossen ist. Wenn Geräte hinzugeschaltet werden, dreht sich die Zählerscheibe schneller.
Immer, wenn dieselbe Energiemenge aus der Steckdose entnommen wird, dreht sich die Zählerscheibe gleich oft. Wenn die doppelte, dreifache ... Energiemenge verbraucht wird, dreht sich die Scheibe doppelt, dreimal, ... so oft. Mit anderen Worten:

Der Elektrizitätszähler misst Energie.

Energie wird in den meisten Fällen in der Einheit Joule (J) oder bei größeren Mengen in Kilojoule (kJ) gemessen. Bei den Zählern wird die Energie jedoch in Kilowattstunden (kW · h) angegeben. Man kann Kilowattstunden leicht in Kilojoule und umgekehrt umrechnen:
1 Kilowattstunde = 3 600 Kilojoule (1 kW · h = 3 600 kJ).

An den Elektrizitätszählern kann man ablesen, wie oft sich die Scheibe dreht, wenn eine Kilowattstunde an Energie geflossen ist. Der im Bild gezeigte Zähler enthält die Angabe: 75 U/kW · h. Das heißt, wenn sich die Scheibe 75-mal gedreht hat, wurde 1 kW · h gemessen. ↑1

Verbrauch von elektrischer Energie in Milliarden kW · h

Verbraucher	2002	2003
Industrie	221	222
Verkehr	16	16
Landwirtschaft	8	8
Haushalt	136	139
Handel/Gewerbe	70	73
öffentliche Einrichtungen	42	43

Anteile des Verbrauchs an elektrischer Energie in Haushalten in Prozent (2002)

Kühl- und Gefrierschränke, andere Haushaltsgeräte	30
Bügeln, Kochen, Trocknen	18
Heizung, Klimaanlagen	17
Warmwasser	17
Unterhaltungselektronik	10
Telekommunikation, Computer, Licht	8

Probier's mal!

2

1 Elektrizitätszähler im Haushalt
Lass dir den zu eurem Haushalt gehörenden Elektrizitätszähler zeigen. Beobachte, wie sich die kleine Scheibe im Zähler verhält, wenn der elektrische Herd oder ein Wasserkocher oder der Staubsauger oder andere elektrische Geräte einschaltet werden.

2 Energieverbrauch im Haushalt
Beobachte, wie sich die Drehung der Zählerscheibe verändert, wenn nacheinander immer mehr elektrische Geräte einschaltet werden. Welche Schlussfolgerung kannst du aus deiner Beobachtung ziehen?

GRUNDLAGEN: Von der Messung der elektrischen Energie zur Messung anderer Energiearten

Mit dem Elektrizitätszähler kann nur elektrische Energie gemessen werden. Elektrische Energie kann jedoch leicht in jede andere Energieart umgewandelt werden. Dadurch hat man eine Möglichkeit, auch die Energie zu messen, die in anderer Form auftritt.

Wie man thermische Energie misst Wenn mit einem Wasserkocher Wasser erwärmt wird, geht elektrische Energie in thermische Energie über. Dadurch steigt die Temperatur des Wassers.
Mit einem Elektrizitätszähler kann man feststellen, dass bei einer doppelt so großen Temperaturerhöhung die doppelte Menge elektrischer Energie geflossen ist, bei einer dreifachen Temperaturerhöhung die dreifache Energiemenge usw. Man sagt dann: die Änderung der elektrischen Energie ΔE_{el} ist proportional zum Temperaturanstieg $\Delta\vartheta$ des Wassers. Dieser proportionale Zusammenhang lässt sich auch so schreiben: $\Delta E_{el} \sim \Delta\vartheta$.

Wird das Experiment so sorgfältig durchgeführt, dass keine Energie an die Umgebung verloren geht, kann man davon ausgehen, dass die elektrische Energie vollständig auf das Wasser übergeht.
Auf diese Weise kann man die thermische Energie direkt durch die Temperaturerhöhung eines Stoffes messen. Man kann also berechnen, wie viel Energie benötigt wird, um eine bestimmte Wassermenge um eine bestimmte Temperaturdifferenz zu erwärmen.

Zum Beispiel: Wenn man 1 kg Wasser um 1 °C erwärmt, so nimmt das Wasser eine Energie von 4,2 kJ auf. Bei 2 kg, 3 kg, usw. beträgt die Energieaufnahme 8,4 kJ, 12,6 kJ usw. ↑3 ↑4
Andere Stoffe nehmen eine andere Energiemenge auf, um sich um 1 °C zu erwärmen. ↑5

Schon gewusst?

Wenn man den Temperaturanstieg, also den Unterschied der Anfangstemperatur ϑ_a und der Endtemperatur ϑ_e messen will, benutzt man die Abkürzung: $\Delta\vartheta = \vartheta_e - \vartheta_a$.
„Δ“ ist das griechische D und steht für „Differenz“. Auch bei der Differenz anderer Größen wird das Δ-Zeichen benutzt.

Erwärmung von 1 kg eines Stoffes um 1 °C

Stoff	Energieänderung in kJ
Wasser	4,2
Alkohol (Ethanol)	2,4
Petroleum	2,0
Styropor	1,5
Aluminium	0,9
Porzellan	0,84
Beton	0,84
Eisen	0,45

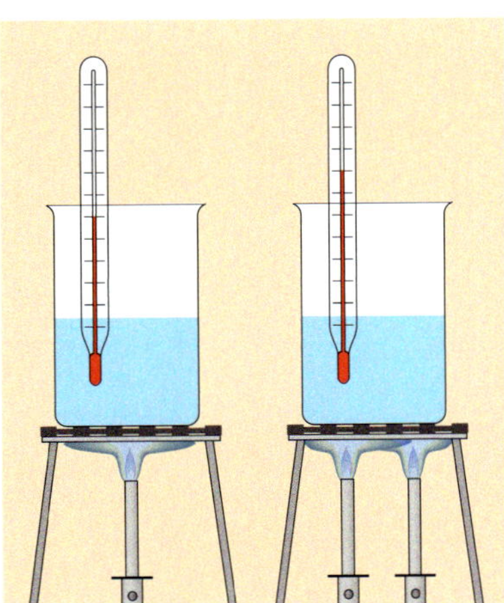

6 In beiden Gefäßen ist die gleiche Wassermenge. Bei doppelter Energieänderung ergibt sich die doppelte Temperaturerhöhung.

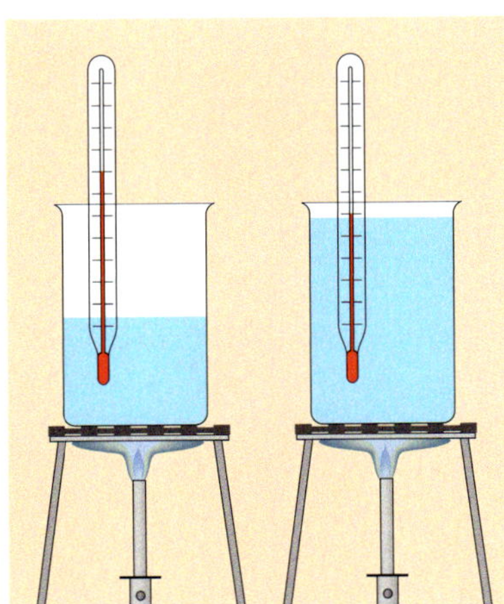

7 Im rechten Gefäße befindet sich die doppelte Wassermenge. Bei gleicher Energieänderung ergibt sich die halbe Temperaturerhöhung.

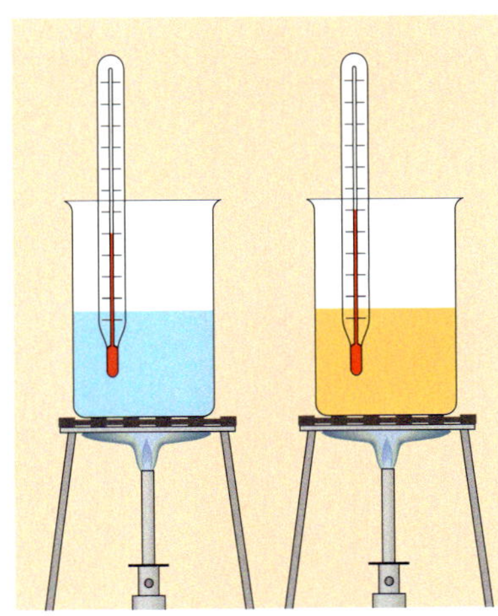

8 In den Gefäßen ist die gleiche Menge von zwei verschiedenen Flüssigkeiten. Bei gleicher Energieänderung ergeben sich unterschiedliche Temperaturänderungen.

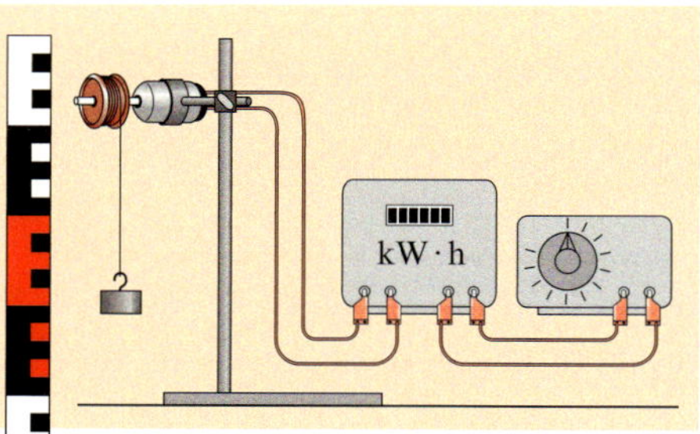

1

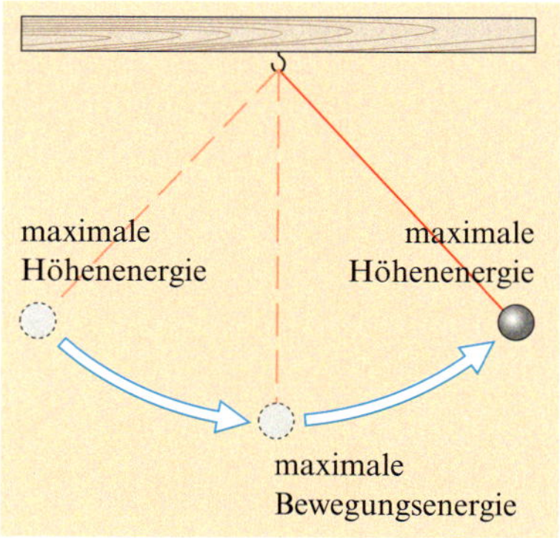

2

Schon gewusst?

Bei einer Angabe der Höhe muss beachtet werden, auf welches Grundniveau man sich bezieht: Das Glas ($m = 100$ g) befindet sich 10 cm über dem Tisch, aber 1 m über dem Fußboden. Seine Höhenenergie beträgt im ersten Fall 0,1 J im zweiten Fall 1 J.

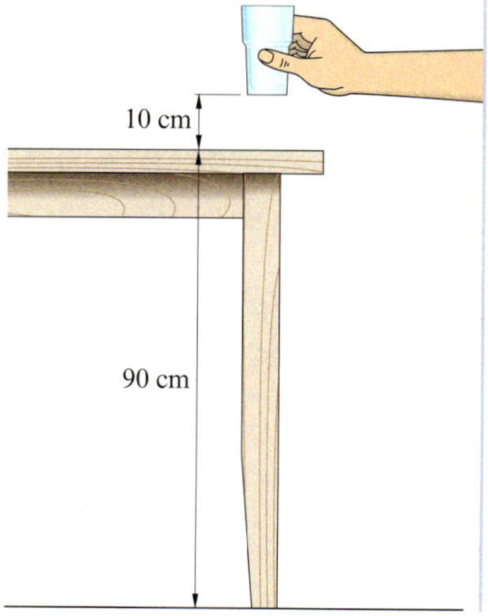

4

Wie man mechanische Energie misst. Hebt man mit einem Elektromotor einen schweren Gegenstand an, so kann man mit einem Elektrizitätszähler messen, wie viel elektrische Energie dazu nötig ist. ↑1
Hebt man den Gegenstand um die doppelte Höhe an, so fließt die doppelte Menge elektrischer Energie, bei einer dreifachen Höhe die dreifache Energiemenge usw. Wir haben es also wieder mit einem proportionalen Zusammenhang zu tun. Diesmal zwischen der Änderung der elektrischen Energie ΔE_{el} und der Höhendifferenz Δh. Es gilt: $\Delta E_{el} \sim \Delta h$.

Mit einem ideal arbeitenden Motor, der keine Energie an die Umgebung abgibt, wird die gesamte elektrische Energie in Höhenenergie umgewandelt.
Die Höhenenergie ergibt sich direkt aus der Höhenzunahme des Gegenstandes. Wie bei der Messung der thermischen Energie wird der Elektrizitätszähler nicht mehr benötigt.
Damit kann man also berechnen, wie viel Energie benötigt wird, um einen Gegenstand um eine bestimmte Höhendifferenz anzuheben.

Zum Beispiel: Wenn man einen 1 kg schweren Gegenstand 1 m anhebt, so nimmt seine Höhenenergie um etwa 10 J zu. Bei 2 kg, 3 kg usw. beträgt die Zunahme der Höhenenergie 20 J, 30 J usw.

Mithilfe der Höhenenergie lassen sich andere mechanische Energiearten bestimmen: Man lenkt zum Beispiel eine Kugel, die an einem Seil hängt, bei gespanntem Seil aus und hebt sie damit um eine bestimmte Höhe an. Lässt man sie los, so bewegt sie sich zurück. Dabei nimmt die Höhe ab, aber die Geschwindigkeit nimmt zu. Am tiefsten Punkt des Pendels hat die Kugel die größte Geschwindigkeit. Da die Geschwindigkeit ein Maß für die Bewegungsenergie ist, hat die Kugel damit die größte Bewegungsenergie. Weil die Kugel anschließend wieder die alte Höhe erreicht, kann man folgern, dass am tiefsten Punkt alle Höhenenergie in Bewegungsenergie übergegangen ist. ↑2 ↑3

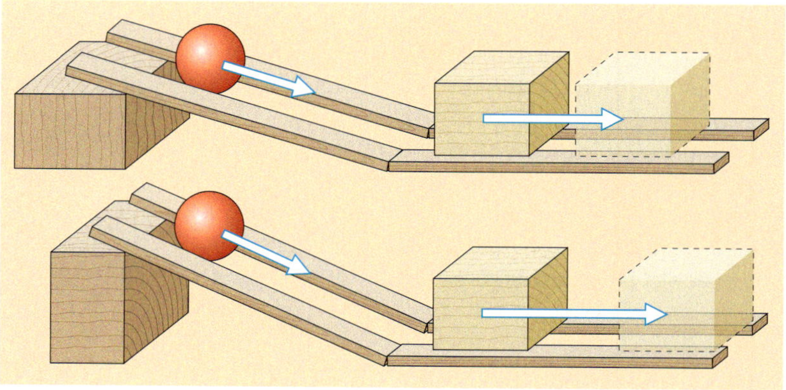
3 Je größer die Neigung der Rinne ist, umso größer ist die Energie.

Bei der Umwandlung von elektrischer Energie in thermische Energie oder in Höhenenergie nimmt die Temperatur oder die Höhe zu. Mithilfe der Temperatur- bzw. der Höhenänderung kann man die Energie messen, ohne den Elektrizitätszähler zu benutzen.

GRUNDLAGEN: **Leistung – die Energiestromstärke**

In vielen Bereichen des täglichen Lebens kommt es darauf an, dass man viel leistet. In der Schule, im Beruf und im Sport wird man nach seiner Leistung beurteilt. Nicht immer geht es dabei um die „physikalische“ Leistung. Diese gibt an, wie viel Energie jemand in einer bestimmten Zeit abzugeben vermag. Genauer:

Die Leistung P ist der Quotient aus der abgegebenen Energie und der dafür benötigten Zeit Δt: $P = \frac{\Delta E}{\Delta t}$

P wird in Watt (W) bzw. Kilowatt (kW) gemessen. Es gilt: 1 W = 1 J/s.

Die Leistung ist ein Maß für strömende Energie. Sie wird daher auch in vielen Fällen als *Energiestromstärke* bezeichnet.
Die Stärke des Energiestroms erkennt man beim Elektrizitätszähler auch daran, wie schnell sich die Zählerscheibe dreht. Die Umdrehungsgeschwindigkeit der Zählerscheibe ist ein Maß für die Leistung.
Energiewandler sind oft mit einer Typenschild versehen, das eine Leistungsangabe enthält. Diese Angabe bezeichnet den maximalen Energiestrom des Gerätes. ↑5 ↑6

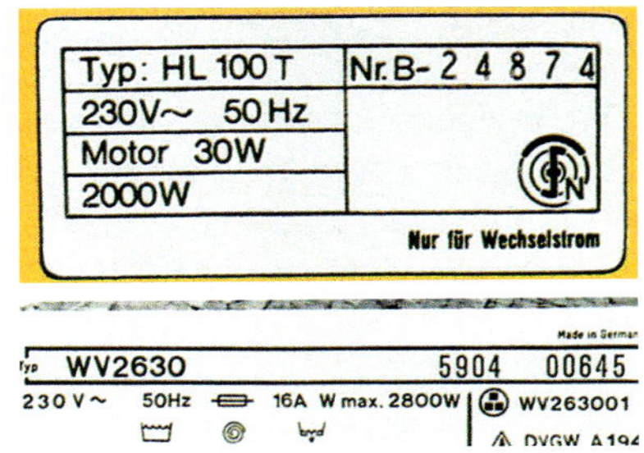

5

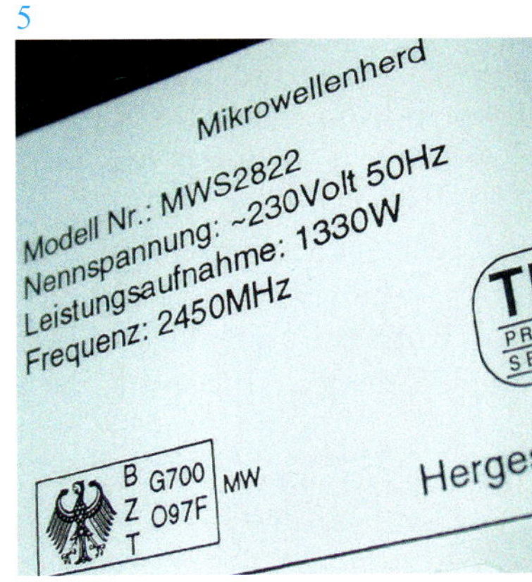

6

Aufgaben

1 Wie viel Energie fließt bei jeder Umdrehung der Zählerscheibe bei der Angabe 75 U/kW · h?
Welche Kosten entstehen mit jeder Umdrehung?

2 Nenne möglichst viele Geräte im Haushalt, die mit elektrischer Energie betrieben werden. Kann man den Geräten ansehen, ob sie in einer bestimmten Zeit viel oder wenig elektrische Energie in eine andere Energieart umwandeln?

3 Bei einer Waschmaschine wird für verschiedene Waschgänge unterschiedlich viel Energie verbraucht. Durchschnittlicher Verbrauch 2004:
– 1,6 kW · h für die Kochwäsche (90 °C),
– 1,0 kW · h für die Buntwäsche (60 °C),
– 0,4 kW · h für die Buntwäsche (30 °C).

a Berechne, wie viel Energie bei euch für das Wäschewaschen in einem Monat verbraucht wird und welche Kosten dadurch entstehen.

b Gib eine Erklärung für den unterschiedlichen Energiebedarf.

4 Das Wievielfache an Energie ist nötig, um das Doppelte, das Dreifache … einer Flüssigkeitsmenge um eine bestimmte Temperatur zu erwärmen? Welcher Zusammenhang besteht zwischen Flüssigkeitsmenge und Energiebedarf?

5 Wie viel Energie ist nötig, um 4 kg Wasser um 60 °C zu erwärmen?

6 Wie viel Muskelenergie muss eine Bergsteigerin in Höhenenergie umwandeln, wenn sie 55 kg wiegt, einen Rucksack von 15 kg trägt und einen Höhenunterschied von 500 m überwindet?

7 Das zur Zeit größte Wasserkraftwerk befindet sich in Itaipu an der brasilianisch-paraguayanischen Grenze. Aus einem Stausee von der Größe des Bodensees stürzt das Wasser aus einer Höhe von 120 m in 18 Rohren auf die Turbinen. Dabei fließen durch jedes Rohr in der Sekunde 600 m^3 Wasser. Wie viel elektrische Energie (in Kilowattstunden) kann pro Sekunde aus der Höhenenergie gewonnen werden, wenn bei der Umwandlung keine Energieverluste auftreten? ↑7

7

Aus der Technik Energie und Umwelt

Wo Energie verbraucht wird, bleibt entwertete Energie zurück – und auch die Reste der Energieträger.
In den meisten Autos wird als Kraftstoff Benzin oder Diesel verwendet. Bei der Verbrennung des Kraftstoffs wird Energie freigesetzt, die im Motor in Bewegungsenergie umgewandelt wird. Bei gleichbleibender Geschwindigkeit bleibt die Bewegungsenergie des Autos unverändert. Der Energiestrom aus dem verbrannten Kraftstoff ersetzt gerade den Energiestrom, der durch Rollreibung der Räder mit der Straße und durch den Luftwiderstand an die Umgebung abfließt.
Ein Teil der chemischen Energie fließt bereits bei der Umwandlung im Motor als thermische Energie über den Kühler, durch Abstrahlung des Motors und über die heißen Abgase an die Umgebung ab. ↑1

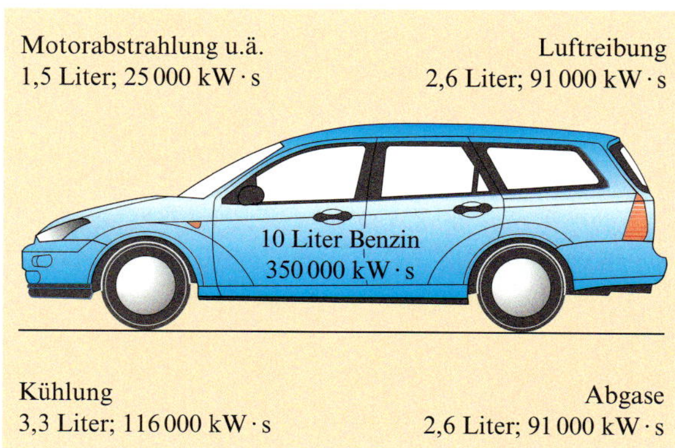

1 Energieströme für einen typischen Mittelklassewagen

Treibhauseffekt Die Erde ist von einer dicken Luftschicht umgeben. Diese Schicht besteht zu fast 99 % aus Stickstoff und Sauerstoff. Von den anderen Gasen ist besonders das Kohlenstoffdioxid wichtig. Es hat ähnliche Eigenschaften wie das Glas in einem Treibhaus und lässt die von der Sonne kommende Strahlung ungehindert hindurch. Die von der warmen Erdoberfläche ausgehende Wärmestrahlung wird jedoch vom Kohlenstoffdioxid nur teilweise hindurchgelassen. Dadurch erhalten wir die Temperatur, die das Leben auf der Erde ermöglicht. Das ist der natürliche Treibhauseffekt. ↑2
Allerdings hat sich durch den steigenden Energieverbrauch der Menschen der Treibhauseffekt verstärkt. Bei der Verbrennung von Kraftstoff wird nicht nur Energie freigesetzt, sondern auch Kohlenstoffdioxid, Wasser und andere Stoffe, die über den Auspuff an die Umgebung abgegeben werden. Diese Stoffe sind zum Teil gesundheitsgefährdend und sie beeinflussen unser Klima. Je mehr Kohlenstoffdioxid in die Atmosphäre gelangt, umso mehr Wärmestrahlung wird zurück gehalten. Die Erde heizt sich immer stärker auf. ↑3
Die Folgen sind noch nicht im einzelnen abzusehen. Eine Folge der Erwärmung, die sich bereits nachweisen lässt, ist das Ansteigen des Meeresspiegels aufgrund der Abschmelzung von Gletschern und Eis in den Polargegenden, die über kurz oder lang zu Überschwemmungen niedrig liegender Landflächen führen muss.

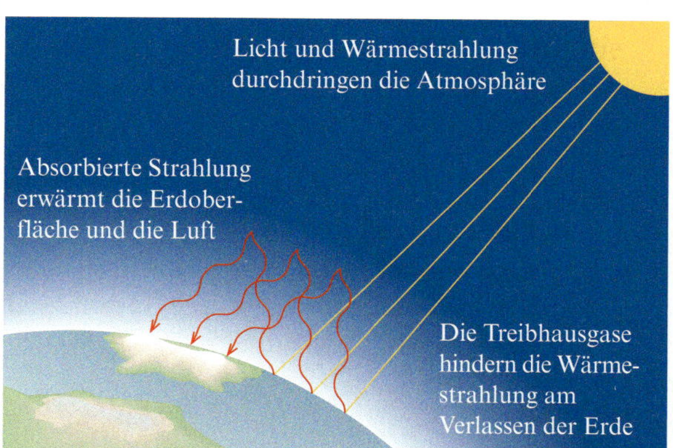

2 Entstehung des Treibhauseffektes

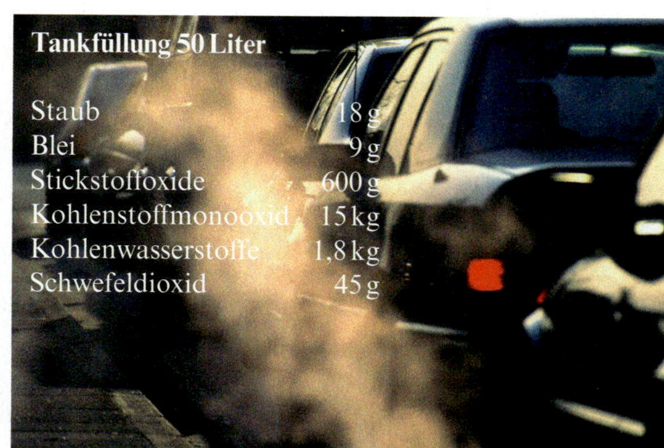

3 Schadstoffe gelangen in die Umwelt

1 Betrachte die einzelnen Energieströme die durch Verbrennen des Kraftstoffs an die Umgebung abgegeben werden. Wie viel Prozent der chemischen Energie dienen dem Antrieb? ↑1

2 Wofür wird die Antriebsenergie letztlich benötigt? Durch welche Maßnahmen ließe sich die für den Antrieb nötige Energie und damit der Gesamtenergieverbrauch vermindern?

Welche Möglichkeiten gibt es, Sonnenenergie auf der Erde zu „ernten"?

Im Unterschied zu Kohle, Öl und Erdgas, die im Laufe der Zeit erschöpft sein werden, strahlt die Sonne täglich riesige Mengen an Energie auf die Erde ein. Von diesem Energieangebot machen die Menschen nur wenig Gebrauch. Dabei wurde die Sonnenenergie in ihren verschiedenen direkten und indirekten Formen lange vor der Entdeckung des Öls und der Kohle von den Menschen genutzt.

4

Präzisierung des Projektthemas

Ihr solltet zunächst untersuchen, ob und auf welche Weise mit Sonnenenergie etwas bewegt, erwärmt, chemisch verwandelt, elektrischer Strom zum Fließen gebracht werden kann usw.
Daraus könnt ihr Teilprojekte entwickeln, in denen die verschiedenen Möglichkeiten näher untersucht, durch einfache Modelle verwirklicht werden können.

Vorschläge für Teilthemen

1 **Historische Techniken und Vorrichtungen zur Nutzung von Sonnenenergie**
Dabei ist nicht nur an die direkte Erwärmung und Beleuchtung zu denken, sondern auch an indirekte Arten wie bewegtes Wasser und bewegte Luft.

2 **Moderne Möglichkeiten des „Erntens" von Sonnenenergie**
Beurteilt auch die Möglichkeiten einer großtechnischen Nutzung entsprechender Anlagen.

Planung, Durchführung, Präsentation

Hinweise zur Projektarbeit ↑ Seite 19

Tipp für die praktische Arbeit

Ihr solltet vor der Durchführung des Baus komplizierterer Modelle überlegen, ob sich eure Vorstellungen auch realisieren lassen. Um beispielsweise mit einem Modellwindkraftwerk elektrische Energie zu erzeugen, erweist sich ein Fahrraddynamo bei kleineren Anlagen als ungeeignet. Der erzeugte Energiestrom ist meist nicht groß genug. Als Alternativen eignet sich z. B. ein empfindlicher Propellermotor (manchmal als Solarmotoren bezeichnet), der auch bei geringer Energieübertragung in Drehung versetzt werden kann.

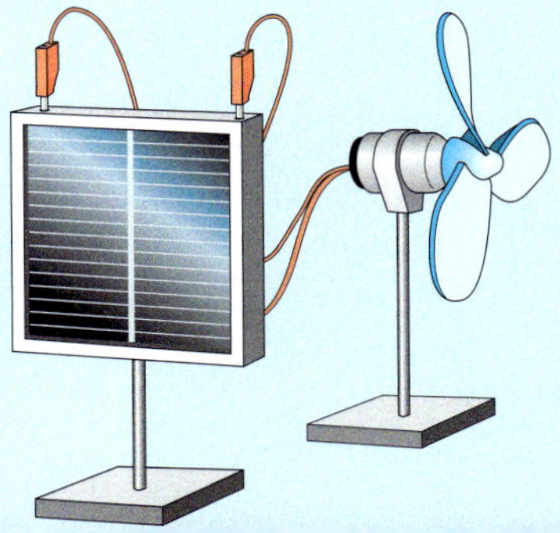

Auf einen Blick

Energie Energie ist eine Eigenschaft von Systemen. Systeme, die Energie besitzen, können etwas anheben, bewegen, erwärmen, zum Leuchten oder zum Tönen bringen. Auch ein elektrischer Strom wird durch Energie zum Fließen gebracht.

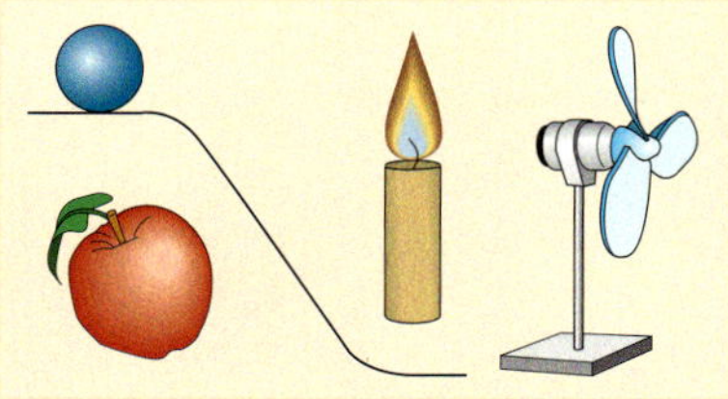
1

Energiearten Je nach ihrer Erscheinungsform unterscheidet man verschiedene Energiearten:
Mechanische Energie, thermische Energie, Strahlungsenergie, elektrische Energie, chemische Energie und Kernenergie. ↑1

Energieumwandlung Energie kann nicht aus dem Nichts erzeugt werden. Sie fließt von einem System zu einem anderen. Dabei kann sie ihre Erscheinungsform ändern. Sie wird von einer Energieart in eine andere Energieart umgewandelt.

2

Energietransport Energie kann transportiert werden durch:
- Leitung (z. B. elektrische Energie durch elektrische Leitungen).
- den Transport des Energieträgers (z. B. chemische Energie durch Kohle, Öl oder Gas). ↑2
- Strahlung (z. B. Sonnenenergie).

Energiespeicherung Energie kann gespeichert werden. Chemische Energieträger speichern chemische Energie. Gegenstände in höherer Lage speichern Höhenenergie. Bewegte Systeme speichern Bewegungsenergie. Gegenstände von hoher Temperatur speichern thermische Energie.

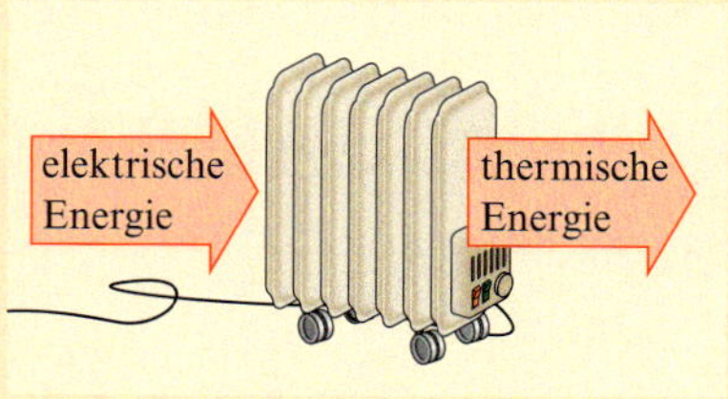

3

Energieentwertung Wird Energie gebraucht, wird aus einer wertvollen Energieform eine weniger wertvolle. Sie wird schließlich verbraucht und endet als thermische Energie in der Umgebung.
Diese Energie kann nicht mehr genutzt werden – sie ist entwertet.

Energiemessung Energie wird in den meisten Fällen in der Einheit Joule (J) oder bei größeren Mengen in Kilojoule (kJ) gemessen. Bei Zählern wird die Energie in Kilowattstunden (kW · h) angegeben.
1 Kilowattstunde = 3600 Kilojoule

Energiestromstärke Die Leistung P wird durch den Quotienten aus der abgegebenen Energie ΔE und der dafür benötigten Zeit Δt bestimmt: Sie ist ein Maß für strömende Energie und wird daher auch als Energiestromstärke bezeichnet.

Alles klar?

1 Woran kann man feststellen, ob ein Gegenstand Energie besitzt?

2 Nenne Situationen im Haushalt, bei denen Energie benötigt wird.

3 In welchen unterschiedlichen Arten kann Energie auftreten? Wie nennt man den Übergang von einer Energieart in eine andere?

4 Beschreibe den Weg, den die Energie von deinen Muskeln in die leuchtende Lampe deines Fahrrads nimmt. Wo bleibt die Energie?

5 Beschreibe, wie die Schallenergie und die Lichtenergie vom Fernsehgerät zu deinen Ohren bzw. Augen gelangt. ↑4

4

6 Stelle den Energietransport von der Kohle über ein Wärmekraftwerk zur Stereoanlage in deinem Zimmer in einem Energieflussdiagramm dar.

7 Energie kann gespeichert werden. Ordne den verschiedenen Energiearten typische Energiespeicher zu.

8 Inwiefern kommt fast die gesamte Energie, die wir auf der Erde nutzen, von der Sonne? Warum nennt man die Kohle- und Ölreserven manchmal auch „Spardose der Sonne“?

9 Beschreibe, wie ein Wasserkraftwerk und ein Windkraftwerk funktionieren.

10 Erläutere den Satz: „Energie wird auf ähnliche Weise verbraucht, wie Wasser verbraucht wird, wenn man damit Geschirr spült, Wäsche wäscht oder duscht.“

11 Warum spricht man von einer Energieentwertung, wenn Energie an die Umgebung abgegeben wird?

12 Wie viel Energie muss ein Motor eines Aufzugs mindestens aufbringen, wenn er einen Pkw mit einer Masse von 950 kg um 10 m anhebt?

a Vergleiche den Wert mit der Energie, die man benötigt, um 1 kg Wasser um 80 °C zu erwärmen.

b Was fällt dir an dem Vergleich auf? ↑5

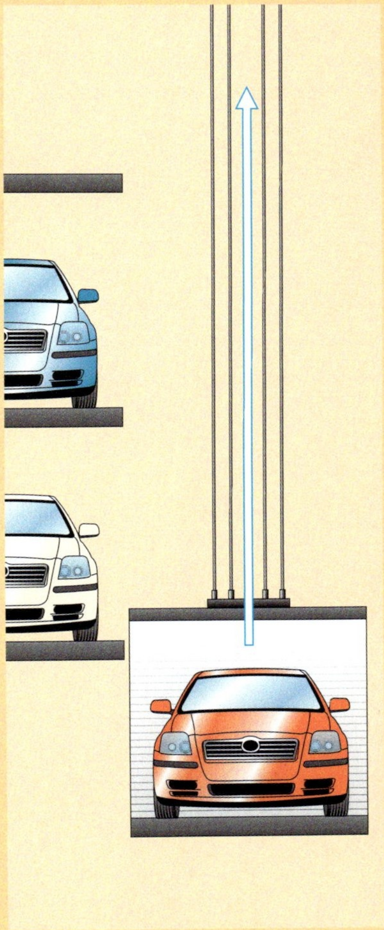

5

13 Trage in einer Tabelle die Energiestromstärken der von dir zu Hause benutzten elektrischen Geräte ein.

Check up

1 Wie würdest du einem Mitschüler erklären, was Physiker unter Energie verstehen?

2 In Bild 1 findest du zahlreiche Gegenstände. Einige von ihnen haben Energie, andere nicht. Welche Gegenstände haben Energie, welche nicht? Begründe deine Antworten (mindestens 6 Angaben).

1

3 Nenne Vorrichtungen, mit denen man elektrische Energie in Bewegungsenergie, thermische und chemische Energie umwandeln kann.
Nenne weitere, mit denen man Strahlungsenergie in elektrische, thermische und Bewegungsenergie umwandeln kann.

4 Begründe, dass elektrische Energie wertvoller ist als thermische Energie und dass thermische Energie, die bei höherer Temperatur abgegeben wird wertvoller ist als solche, die bei niedrigerer Temperatur abgegeben wird.

5 Ein zwischen zwei Isolatoren gespannter Draht wird in der Mitte mit einem Wägestück belastet. Schaltet man den Strom ein, so fängt der Draht an zu glühen und er dehnt sich aus, sodass das Wägestück ein wenig absinkt. Schaltet man den Strom ab, so zieht sich der Draht wieder zusammen und das Wägestück wird wieder angehoben. ↑2

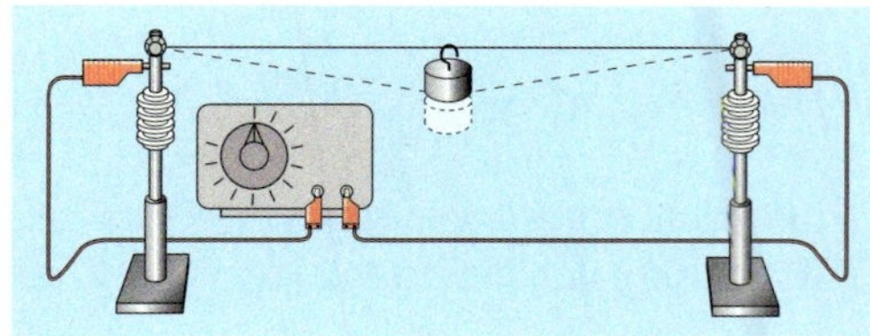

2

a Beschreibe die Vorgänge energetisch.
b Woher kommt die Energie, durch die das Wägestück gehoben wird?
c Worin besteht die Energieentwertung, die bei jedem von selbst ablaufenden Vorgang auftritt?

6 Was hältst du von der Behauptung: Letztlich heizt man nicht die Wohnung, sondern die Außenwelt?

7 Biodiesel, Heizöl, Kohle, Windenergie, Wellenenergie, Höhenenergie und Bewegungsenergie von Wasser stammen letztlich von der Sonne.
Begründe diese Aussage für die genannten Energiearten. Gibt es überhaupt Energiearten, die nicht von der Sonne stammen?

Schätze deine Kenntnisse und Fähigkeiten ein

Ordne dazu deiner Lösung im Heft einen Smiley zu:
☺ Ich konnte die Aufgabe richtig lösen.
😐 Ich konnte die Aufgabe nicht komplett lösen.
☹ Ich konnte die Aufgabe nicht lösen.

❯ Die Lösungen findest du im Anhang.

Aufgabe	Fähigkeit	Hilfe findest du auf Seite ...
1	Physikalische Größe Energie erklären.	124, 127
2, 5, 7	Energiearten erkennen.	128, 130
3, 5, 7	Energieumwandlungen beschreiben und erklären.	128, 131
3	Energiewandler benennen.	131
5, 7	Energietransport erkennen und beschreiben.	136, 138
4	Wertigkeit der Energie erklären.	146
4, 5, 6	Energieentwertung erkennen und erklären.	144, 146, 147, 148